by James Richard

ALGEBRA
WORKBOOK 1

January 2020

Copyright © 2020

All rights reserved. No part of this publication may be reproduced, distributed, or transmitted in any form or by any means, including photocopying, recording, or other electronic or mechanical methods, without the prior written permission of the publisher, except in the case of brief quotations embodied in critical reviews and certain other noncommercial uses permitted by copyright law. For permission requests, write to the publisher using address below.

delightfulbook@gmail.com

© 2020

Contents

RATIONAL NUMBERS 1
DECIMAL NUMBERS 4
REOCCURING DECIMALS 5
TEST WITH SOLUTIONS 7
  QUESTIONS 20

RATIO & PROPORTION 52
Definition 52
PROPERTIES 52
TEST WITH SOUTIONS 57
TEST 1 71
TEST 2 75
TEST 3 80

FACTORIZATION 91
(COMMON MULTIPLE FACTORIZATION) 91
(DIFFERENCE OF TWO SQUARES) 94
(SUM &DIFFERENCE OF TWO CUBES) 95
(FACTORIZATION OF $an \mp bn$) 96
(IDENTITIES) 97
(FACTORIZATION OF THE FORM $ax2 + bx + c$) 100
(TEST WITH SOLUTIONS) 103
(QUESTIONS) 111

TEST 1 122

TEST 2 127

TEST 3 132

TEST 4 137

TEST 5 143

TEST 6   149

EXPONENTIAL   154

PROPERTIES 154

TEST WITH SOLUTIONS____164

QUESTIONS   172

TESTS 1 179

TEST 2   183

TEST 3   187

TEST 4   192

TEST 5   197

Contents

RATIONAL NUMBERS 1
DECIMAL NUMBERS 4
REOCCURING DECIMALS 5
TEST WITH SOLUTIONS 7
 QUESTIONS 20

RATIO & PROPORTION 52
Definition 52
PROPERTIES 52
TEST WITH SOUTIONS 57
TEST 1 71
TEST 2 75
TEST 3 80

FACTORIZATION 91
(COMMON MULTIPLE FACTORIZATION) 91
(DIFFERENCE OF TWO SQUARES) 94
(SUM &DIFFERENCE OF TWO CUBES) 95
(FACTORIZATION OF $a^n \mp b^n$) 96
(IDENTITIES) 97
(FACTORIZATION OF THE FORM $ax2 + bx + c$) 100
(TEST WITH SOLUTIONS) 103
(QUESTIONS) 111

TEST 1 122

TEST 2 127

TEST 3 132

TEST 4 137

TEST 5 143

TEST 6   149

EXPONENTIAL   154

PROPERTIES 154

TEST WITH SOLUTIONS   164

QUESTIONS   172

TESTS 1 179

TEST 2   183

TEST 3   187

TEST 4   192

TEST 5   197

RATIONAL NUMBERS

$Q = \{\frac{a}{b} a, b \in z, b \neq 0\}$

(PROPERTIES)

1. $Q = \{\frac{a}{b} a, b \in z, b \neq 0\}$

2. $\frac{a}{-b} = \frac{-a}{b} = \frac{-a}{b}$

3. $a \neq 0, \frac{0}{a} = 0$

4. $\frac{a}{b} \pm \frac{c}{b} = \frac{a \pm c}{b}$

5. $\frac{a}{b} \pm \frac{c}{d} = \frac{ad \pm bc}{bd}$

(Example):

a. $\frac{2}{7} + \frac{3}{7} = \frac{2+3}{7} = \frac{5}{7}$

b. $\frac{3}{11} - \frac{5}{11} = \frac{3-5}{11} = \frac{-2}{11}$

c. $\frac{9}{8} + \frac{2}{7} = \frac{9.7+8.2}{8.7} = \frac{63+}{56} = \frac{79}{56}$

d. $\frac{3}{5} - \frac{1}{12} = \frac{3.12-1.5}{5.12} = \frac{36-5}{60} = \frac{31}{60}$

e. $\frac{19}{24} - \frac{13}{30} = \frac{19}{24} - \frac{13}{30} = \frac{95}{120} - \frac{52}{120} = \frac{43}{120}$
   $\quad\quad\quad\quad\quad\quad\quad(5)\ (4)$

f. $(\frac{1}{2} - \frac{1}{3}) + 1\frac{1}{3} = \frac{3-2}{2.3} = \frac{4}{3}$

$= \frac{1}{6} + \frac{4}{3}$

$= \frac{1.3 + 6.4}{6.3}$

$= \frac{27}{18} = \frac{3}{2}$

g. $\left(2\frac{1}{2} - 3\frac{1}{2}\right) - \left(2\frac{1}{3} - 4\frac{1}{3}\right) = \left(\frac{5}{2} - \frac{7}{2}\right) - \left(\frac{7}{3} - \frac{13}{3}\right)$

$= -\frac{2}{2} - \left(-\frac{6}{3}\right)$

$= -1 + 2 = 1$

6. $\frac{a}{b} \cdot \frac{c}{d} = \frac{a.c}{b.d}$

7. $\frac{a}{\frac{b}{c}} = \frac{a.c}{b}$

8. $\frac{a}{\frac{b}{c}} = \frac{a}{b.c}$

9. $\frac{\frac{a}{b}}{\frac{c}{d}} = \frac{a.d}{b.c}$

10. $a^{-1} = \frac{1}{a}$

11. $\left(\frac{a}{b}\right)^{-1} = \frac{b}{a}$, $\qquad \left(\frac{a}{b}\right)^{-n} = \left(\frac{b}{a}\right)^n$

(Examples):

a. $\dfrac{2}{3} \cdot \dfrac{4}{5} = \dfrac{2.4}{3.5} = \dfrac{8}{15}$

b. $3\dfrac{1}{2} \cdot 2\dfrac{1}{5} = \dfrac{7}{2} \cdot \dfrac{11}{5} = \dfrac{7.11}{2.5} = \dfrac{77}{10}$

c. $3 \cdot \dfrac{7}{5} = \dfrac{3.7}{5} = \dfrac{21}{5}$

d. $\dfrac{3}{5} : \dfrac{2}{7} = \dfrac{3}{5} \cdot \dfrac{7}{2} = \dfrac{3.7}{5.2} = \dfrac{21}{10}$

e. $\dfrac{\frac{3}{5}}{2} = 3 \cdot \dfrac{2}{5} = \dfrac{3.2}{5} = \dfrac{6}{5}$

f. $\dfrac{\frac{1}{4}}{5} = \dfrac{1}{4} \cdot \dfrac{1}{5} = \dfrac{1}{20}$

g. $\dfrac{\frac{3}{2}}{\frac{2}{5}} - \dfrac{\frac{3}{2}}{5} = 3 \cdot \dfrac{5}{2} - \dfrac{3}{2} \cdot \dfrac{1}{5} = \dfrac{15}{\underset{(5)}{2}} - \dfrac{3}{10}$

$= \dfrac{75}{10} - \dfrac{3}{10} = \dfrac{72}{10} = \dfrac{36}{5}$

h. $2\dfrac{1}{3} \cdot 5\dfrac{2}{3} + 4 = \dfrac{7}{3} \cdot \dfrac{17}{3} + 4 = \dfrac{119}{9} + 4 = \dfrac{119+36}{9}$

$= \dfrac{156}{9}$

DECIMAL NUMBERS

(For Example): $\dfrac{7}{10}, \dfrac{9}{10^2}, -\dfrac{2}{10^5}, -\dfrac{11}{10^3}, \ldots \ldots \ldots$

(are decimal numbers)

$\dfrac{7}{10} = 0.7$

$\dfrac{9}{10^2} = \dfrac{9}{100} = 0.09$

$\dfrac{-2}{10^5} = -\dfrac{2}{100000} = -0.0002$

$\dfrac{-1}{10^3} = -\dfrac{11}{1000} = 0.011$

$\dfrac{1}{10^n} = 0.000\ldots\ldots01$

(Example):

a. $\dfrac{0.021}{0.03} + \dfrac{0.5}{5} = \dfrac{21}{30} = \dfrac{7}{10} + \dfrac{1}{10} = \dfrac{8}{10} = 0.8$
    $(1000) \quad (10)$

b. $\dfrac{0.02 \cdot (0.29+0.03)}{0.001} = \dfrac{0.02 \cdot 0.32}{0.001} = \dfrac{-0.30}{0.001} = \dfrac{-300}{1} = -300$
    (1000)

c. $\dfrac{5}{0.0002} : \dfrac{0.012}{0.03} = \dfrac{5}{0.0002} \cdot \dfrac{0.03}{0.012}$
    $(10000) \quad (1000)$

$= \dfrac{50000}{2} \cdot \dfrac{30}{12}$

$= 25000 \cdot \dfrac{5}{2}$

$= 62500$

REOCCURING DECIMALS

$$ab,cd\overline{efg} = ab + \frac{cdefg - cd}{99900}$$

(Example):

$35,244............=35,2\overline{4}$

$1,555...............=1,\overline{5}$

$2,15666..........=2,15\overline{6}$

$11,5626262.........=11,5\overline{62}$

$3,123123..........=3,\overline{123}$

(Example):

a. $0.\overline{7} = \frac{7-0}{9} = \frac{7}{9}$

b. $4,\overline{1} = \frac{41-4}{9} = \frac{37}{9}$

c. $12,\overline{3} = \frac{123-12}{9} = \frac{111}{9} = \frac{37}{3}$

d. $0,1\overline{5} = \frac{15-1}{90} = \frac{14}{90} = \frac{7}{45}$

e. $5,1\overline{8} = \frac{518-}{90} = \frac{467}{90}$

f. $32,1\overline{54} = \frac{32154-321}{990} = \frac{31833}{990} = \frac{3537}{110}$

g. $2,32\overline{5} = \frac{2325-232}{900} = \frac{2093}{900}$

h. $6,\overline{234} = \frac{6234-6}{999} = \frac{6228}{999} = \frac{692}{111}$

(Example):

$\frac{0.2\overline{1}+0.1\overline{2}}{0.2\overline{1}-0.1\overline{6}} = ?$

A) 5.5 B) 6 C) 6.5 D) 7 E) 7.5

(Solution)

$\frac{0.2\overline{1}+0.1\overline{2}}{0.2\overline{1}-0.1\overline{6}} = \frac{\frac{21-2}{90}+\frac{12-1}{90}}{\frac{21-2}{90}-\frac{16-1}{90}}$

$= \frac{\frac{19+1}{90}}{\frac{19-1}{90}}$

$= \frac{30}{90} \cdot \frac{90}{4} = \frac{30}{4} = \frac{15}{2} = 7.5$

TEST WITH SOLUTIONS

1. $\dfrac{\left(8-\frac{1}{3}\right)+\left(\frac{1}{3}+4\right)}{\left(7+\frac{5}{6}\right)+\left(6+\frac{1}{6}\right)}=?$

A) $\dfrac{7}{5}$ B) $\dfrac{6}{7}$ C) $\dfrac{5}{8}$ D) $\dfrac{8}{5}$
E) -1

(Solution):

$$\dfrac{\left(8-\frac{1}{3}\right)+\left(\frac{1}{3}+4\right)}{\left(7+\frac{5}{6}\right)+\left(6+\frac{1}{6}\right)} = \dfrac{\frac{24-1}{3}+\frac{1+12}{3}}{\frac{42+5}{6}+\frac{36+1}{6}}$$

$$= \dfrac{\frac{23+13}{3}}{\frac{47+3}{6}}$$

$$= \dfrac{\frac{36}{3}}{\frac{84}{6}} = \dfrac{12}{14} = \dfrac{6}{7}$$

2. $\dfrac{6}{7}\left[\dfrac{1}{3}-\left(\dfrac{1}{2}-\left(\dfrac{1}{4}+\dfrac{1}{2}\right)\right)\right]=?$

A) $\dfrac{1}{2}$ B) $\dfrac{1}{7}$ C) $\dfrac{1}{12}$ D) $\dfrac{7}{12}$ E) $\dfrac{2}{7}$

(Solution):

$$\dfrac{6}{7}\left[\dfrac{1}{3}-\left(\dfrac{1}{2}-\left(\dfrac{1}{4}+\dfrac{1}{2}\right)\right)\right] = \dfrac{6}{7}\left[\dfrac{1}{3}-\left(\dfrac{1}{2}-\left(\dfrac{1+2}{4}\right)\right)\right]$$

$$= \dfrac{6}{7}\left[\dfrac{1}{3}-\left[\dfrac{1}{2}-\dfrac{3}{4}\right]\right]$$

$$\dfrac{6}{7}\left[\dfrac{1}{3}-\left(\dfrac{2-3}{4}\right)\right]$$

$$\dfrac{6}{7}\cdot\left[\dfrac{1}{3}+\dfrac{1}{4}\right]$$

$$\dfrac{6}{7}\cdot\dfrac{4+3}{12} = \dfrac{6}{7}\cdot\dfrac{7}{12} = \dfrac{1}{2}$$

3. $0,\overline{3} + \frac{1}{2+\frac{3}{2}} = ?$

A) $\frac{13}{21}$ B) $\frac{3}{7}$ C) $\frac{11}{21}$ D) $\frac{3}{4}$ E) $\frac{8}{23}$

(Solution):

$0,\overline{3} + \frac{1}{2+\frac{3}{2}} = \frac{3}{9} + \frac{1}{2+\frac{3}{2}} = \frac{1}{3} + \frac{2}{7} = \frac{13}{21}$

4. $\dfrac{1}{1+\dfrac{1}{1-\frac{1}{2}}} = ?$

A) $\frac{3}{4}$ B) $\frac{4}{3}$ C) $\frac{1}{3}$ D) 1
E) 3

(Solution):

$\dfrac{1}{1+\dfrac{1}{1-\frac{1}{2}}} = \dfrac{1}{1+\dfrac{1}{\frac{1}{2}}} = \dfrac{1}{1+2} = \dfrac{1}{3}$

5. $\left[\dfrac{5}{2} - \dfrac{1}{1-\frac{1}{2}}\right] : \left[\dfrac{1}{2} - \dfrac{\frac{1}{2}}{1+\frac{1}{2}}\right] = ?$

A) 1 B) $\frac{3}{2}$ C) 2 D) 3
E) $\frac{9}{2}$

(Solution):

$\left[\dfrac{5}{2} - \dfrac{1}{1-\frac{1}{2}}\right] : \left[\dfrac{1}{2} - \dfrac{\frac{1}{2}}{1+\frac{1}{2}}\right] = \left[\dfrac{5}{2} - 2\right] : \left[\dfrac{1}{2} - \dfrac{\frac{1}{2}}{\frac{3}{2}}\right]$

$$= \left(\frac{5}{2} - 2\right) : \left(\frac{1}{2} - \frac{1}{3}\right)$$

$$= \frac{1}{2} : \frac{1}{6} = \frac{1}{2} \cdot 6 = 3$$

6. $\dfrac{1+a}{1-\dfrac{1-a}{1-\dfrac{1}{a}}} = ?$

A) -a   B) -1   C) 0   D) 1   E) a

(Solution):

$$\frac{1+a}{1-\dfrac{1-a}{1-\dfrac{1}{a}}} = \frac{1+a}{1-\dfrac{1-a}{\dfrac{a-1}{a}}} = \frac{1+a}{1-\dfrac{a(1-a)}{a-1}}$$

$$= \frac{1+a}{\dfrac{-(1-a)\cdot(a+1)}{a-1}}$$

$$= \frac{1+a}{1+a} = 1$$

7. $\dfrac{15}{0.\overline{15}} - \dfrac{1}{0.\overline{1}} = ?$

A) 24   B) 30   C) 60   D) 90   E) 96

(Solution):

$$\frac{15}{0.\overline{15}} - \frac{1}{0.\overline{1}} = \frac{15}{\frac{15}{99}} - \frac{1}{\frac{1}{9}} = 99 - 9 = 90$$

8. $\dfrac{1}{m-2} - \dfrac{1}{m+2} = 1 \Rightarrow (m^2+1)^2 = ?$

A)25　　　　　B)36　　　　　C)49　　　　　D)64　　　　　E)81

(Solution):

$$\frac{1}{m-2} - \frac{1}{m+2} = 1$$

$$\frac{m+2-(m-2)}{m^2-4} = 1$$

$$\frac{4}{m^2-4} = 1 \Rightarrow$$

$$m^2 - 4 = 4 \Rightarrow m^2 = 8$$

$$(m^2 + 1)^2 = (8+1)^2 = 9^2 = 81$$

9. $\frac{1}{0.001} + \frac{2}{0.02} + \frac{0}{0.3} = ?$

A)111　　　　B)123　　　　　C)1110　　　　　D)1111
E)1230

(Solution):

$$\frac{1}{0.001} + \frac{2}{0.02} + \frac{3}{0.3} = \frac{1}{\frac{1}{1000}} + \frac{2}{\frac{2}{100}} + \frac{3}{\frac{3}{10}}$$

$$= 1000 + 100 + 10$$

$$= 1110$$

10. $2 + \cfrac{x}{2 + \cfrac{x}{2 + \cfrac{x}{x}}} = 3 \Rightarrow x = ?$

A)1　　　　　B)2　　　　　C)3　　　　　D)4　　　　　E)5

(Solution):

$2+\dfrac{x}{3} = 3 \Rightarrow \dfrac{6+x}{3} = 3$

6+x=9

X=3

11. $\dfrac{0.3}{x} = \dfrac{0.9}{0.03} \Rightarrow x = ?$

A)0.01   B)0.1   C)1   D)1.1   E)10

(Solution):

$\dfrac{\frac{3}{10}}{x} = \dfrac{\frac{9}{10}}{\frac{3}{10}} \Rightarrow \dfrac{3}{10} \cdot \dfrac{1}{x} = \dfrac{9}{10} \cdot \dfrac{100}{3} \Rightarrow \dfrac{1}{10.x} = 10$

$\Rightarrow x = \dfrac{1}{100} = 0.01$

12. $\dfrac{\frac{1}{2!}+\frac{1}{3!}-\frac{1}{4!}}{\frac{1}{2!}-\frac{1}{3!}+\frac{1}{4!}} : \dfrac{3!+4!}{5!-4!} = ?$

A)$\dfrac{16}{3}$ B)$\dfrac{3}{16}$ C)$\dfrac{1}{2}$ D)$\dfrac{5}{3}$

E)$\dfrac{3}{5}$

(Solution):

$$\frac{\frac{1}{2.1}+\frac{1}{3.2.1}-\frac{1}{4.3.2.1}}{\frac{1}{2.1}-\frac{1}{3.2.1}+\frac{1}{4.3.2.1}} : \frac{3.2.1+4.3.2.1}{5.4.33.2.1}$$

$$= \frac{\frac{1}{2}+\frac{1}{6}-\frac{1}{24}}{\frac{1}{2}-\frac{1}{6}+\frac{1}{24}} : \frac{6+24}{120-} = \frac{\frac{15}{24}}{\frac{9}{24}} : \frac{30}{96}$$

$$= \frac{5}{3} \cdot \frac{16}{5} = \frac{16}{3}$$

13. $\left(\frac{3}{5}-\frac{2}{5} \cdot 0.05\right) : 0.29 = ?$

A) $\frac{1}{4}$ B) 2 C) 4 D) 1 E) $\frac{1}{145}$

(Solution):

$\left(\frac{3}{5}-\frac{2}{5} \cdot 0.05\right) : 0.29 = \left(\frac{3}{5}-\frac{2}{5} \cdot \frac{5}{100}\right) : \frac{29}{100}$

$$= \left(\frac{3}{5} - \frac{2}{100}\right) : \frac{29}{100}$$

$$= \frac{60-2}{100} : \frac{29}{100}$$

$$= \frac{58}{100} \cdot \frac{100}{29} = 2$$

14. $\frac{3x-6}{3} - \frac{2x+4}{2} = ?$

A) 2 B) x C) x-2 D) 4
E) -4

(Solution):

$$\frac{3x-6}{3} - \frac{2x+4}{2} = \frac{2(3x-6)-3(2x+4)}{6}$$

$$= \frac{6x-12-6x-}{6} = \frac{-24}{6} = -4$$

15. (2.397+0.3.0.01):0.001-400=?

A)2000 B)2380 C)2390 D)2397
E)2400

(Solution):

(2.397+0.3.0.01):0.001-400

=(2.397+0.003):0.001-400

=2.4:0.001-400=2400-400

=2000

16. $\dfrac{\frac{1}{5}:\left(\frac{1}{10}-\frac{1}{5}\right)}{\frac{2}{5}\oslash 0.2-0.4)} = ?$

A)-5 B)$\frac{1}{2}$ C)1 D)2
E)5

(Solution):

$$\frac{\frac{1}{5}:\left(\frac{1}{10}-\frac{1}{5}\right)}{\frac{2}{5}:(0.2-0.4)} = \frac{\frac{1}{5}:\left(-\frac{1}{10}\right)}{\frac{2}{5}:\left(\frac{2}{10}\right)} = \frac{-2}{-2} = 1$$

17. $\dfrac{\frac{4}{0.3}}{2} - \dfrac{1}{1-\frac{5}{6}} = ?$

A) $\dfrac{2}{3}$ 　　　　B) $\dfrac{4}{3}$ 　　　　C) $\dfrac{5}{6}$ 　　　　D) $\dfrac{1}{2}$

E) $\dfrac{1}{6}$

(Solution):

$\dfrac{\frac{4}{0.3}}{2} - \dfrac{1}{1-\frac{5}{6}} = \dfrac{\frac{4}{3}}{\frac{10}{2}} - \dfrac{1}{\frac{1}{6}}$

$= \dfrac{40}{6} - 6 = \dfrac{40-36}{6} = \dfrac{4}{6} = \dfrac{2}{3}$

18. $(a-1) : \left(a - \dfrac{2a-1}{a}\right) = ?$

A) a-1 　　　　B) $\dfrac{a+1}{a}$ 　　　　C) $\dfrac{1}{a-1}$ 　　　　D) $\dfrac{a}{a-1}$

E) $\dfrac{a-1}{a}$

(Solution):

$(a-1) : \left(a - \dfrac{2a-1}{a}\right) = (a-1) : \left(\dfrac{a^2 - 2a + 1}{a}\right)$

$= (a-1) \cdot \dfrac{a}{(a-1)^2}$

$= \dfrac{a}{a-1}$

19. $\dfrac{2a-1}{a-\frac{1}{2}} = ?$

A) 4 　　　　B) 2 　　　　C) a 　　　　D) $\dfrac{1}{2}$ 　　　　D) a-1

14

(Solution):

$$\frac{2a-1}{a-\frac{1}{2}} = \frac{2a-1}{\frac{2a-1}{2}} = (2a-1) \cdot \frac{2}{2a-1} = 2$$

20. $\frac{1.\overline{1}}{1.1} + \frac{0.1}{0.\overline{1}} = ?$

A) $\frac{1891}{990}$ B) $\frac{1741}{900}$ C) $\frac{1891}{999}$ D) $\frac{2001}{900}$

E) $\frac{2111}{999}$

(Solution):

$$\frac{1.\overline{1}}{1.1} + \frac{0.1}{0.\overline{1}} = \frac{1\frac{1}{9}}{1\frac{1}{10}} + \frac{\frac{1}{10}}{\frac{1}{9}}$$

$$= \frac{\frac{10}{9}}{\frac{11}{10}} + \frac{9}{10} = \frac{100}{99} + \frac{9}{10} = \frac{1000+891}{990} = \frac{1891}{990}$$

21. $a = \frac{-2}{0.02}$, $b = \frac{-2}{0.04}$, $c = \frac{-2}{0.08} \Rightarrow ? < ? < ?$

A) c<b<a   B) b<c<a   C) a<b<c   D) b<a<c

E) c<a<b

(Solution):

$$a = -\frac{2}{0.02} = -\frac{2}{2} = -100$$
$$b = -\frac{2}{0.04} = -\frac{2}{\frac{4}{100}} = -50$$
$$c = -\frac{2}{0.08} = -\frac{2}{\frac{8}{100}} = -25$$
$$\Rightarrow a < b < c$$

22. $\frac{3}{5} - \frac{3}{5} \cdot \left(\frac{1}{3} - \frac{1}{3} : \frac{1}{9}\right) = ?$

A) 5   B) $\frac{11}{5}$ C) $\frac{13}{5}$ D) 0   E) $-\frac{1}{5}$

(Solution):

$$\frac{3}{5} - \frac{3}{5} \cdot \left(\frac{1}{3} - \frac{1}{3} : \frac{1}{9}\right) = \frac{3}{5} - \frac{3}{5}\left(-\frac{8}{3}\right)$$
$$= \frac{3}{5} + \frac{8}{5} = \frac{11}{5}$$

23. $1 + \cfrac{1}{1 + \cfrac{1}{1 + \cfrac{1}{1 + \cfrac{1}{3}}}} = ?$

A) $\frac{17}{3}$ B) $\frac{18}{11}$ C) $\frac{11}{8}$ D) $\frac{11}{7}$

E) $\frac{7}{11}$

(Solution):

$$1 + \cfrac{1}{1 + \cfrac{1}{1 + \cfrac{1}{1 + \cfrac{1}{3}}}} = 1 + \cfrac{1}{1 + \cfrac{1}{1 + \cfrac{1}{\frac{4}{3}}}} = 1 + \cfrac{1}{1 + \cfrac{1}{1 + \frac{3}{4}}}$$

$$= 1 + \frac{1}{1+\frac{1}{\frac{7}{4}}} = 1 + \frac{1}{1+\frac{4}{7}} = 1 + \frac{1}{\frac{11}{7}} = 1 + \frac{7}{11} = \frac{18}{11}$$

24. $\frac{\frac{x}{3}}{2} + \frac{x}{\frac{3}{2}} = 1 \Rightarrow x = ?$

A) $\frac{5}{6}$ B) $\frac{6}{5}$ C) $\frac{2}{3}$ D) $\frac{3}{2}$ E) -1

(Solution):

$$\frac{\frac{x}{3}}{2} + \frac{x}{\frac{3}{2}} = \frac{x}{6} + \frac{2x}{3} = 1$$

$$\frac{x+4x}{6} = 1 \Rightarrow 5x = 6 \Rightarrow x = \frac{6}{5}$$

25. $\left(1+\frac{1}{2}\right)\cdot\left(1-\frac{1}{3}\right)\cdot\left(1+\frac{1}{4}\right)\cdot\left(1-\frac{1}{5}\right)\ldots\ldots\left(1-\frac{1}{49}\right) = ?$

A) $\frac{48}{49}$ B) 1 C) $\frac{72}{49}$ D) $\frac{3}{2}$ E) 2

(Solution):

$\left(1+\frac{1}{2}\right)\cdot\left(1-\frac{1}{3}\right)\cdot\left(1+\frac{1}{4}\right)\left(1-\frac{1}{5}\right)\cdot\left(1-\frac{1}{49}\right)$

$= \frac{3}{2}\cdot\frac{2}{3}\cdot\frac{5}{4}\ldots\cdot\frac{49}{48}\cdot\frac{48}{49} = 1$

26. $\frac{x}{2} + \frac{x+1}{3} = \frac{7}{6} \Rightarrow x = ?$

A)-1 B)0 C)1 D)2 E)3

(Solution):

$\frac{3x}{6} + \frac{2x+2}{6} = \frac{7}{6}$

$5x + 2 = 7$

X=1

27. $\frac{2.7}{0.09} + \frac{0.35}{0.07} - \frac{4}{0.4} = ?$

A)25 B)30 C)35 D)40 E)45

(Solution):

$\underset{(100)}{\frac{2.7}{0.09}} + \underset{(100)}{\frac{0.35}{0.07}} - \underset{(10)}{\frac{4}{0.4}} = \frac{270}{9} + \frac{35}{7} - \frac{40}{4}$

$= 30 + 5 - 10$

$= 25$

28. $\frac{\left(\frac{1}{2}-5\right)+\left(\frac{1}{3}-3\right)}{\left(2-\frac{5}{6}\right)\cdot\left(\frac{3}{2}-3\right)} = ?$

A)$\frac{43}{10}$ B)$\frac{86}{21}$ C)$\frac{43}{11}$ D)$\frac{86}{23}$ E)$\frac{43}{12}$

(Solution):

$$\frac{\left(\frac{1}{2}-5\right)+\left(\frac{1}{3}-3\right)}{\left(2-\frac{5}{6}\right)\cdot\left(\frac{3}{2}-3\right)} = \frac{\frac{1-10}{2}+\frac{1-9}{3}}{\frac{12-5}{6}\cdot\frac{3-6}{2}}$$

$$= \frac{-\frac{9}{2}-\frac{8}{3}}{\frac{7}{6}\cdot\left(-\frac{3}{2}\right)}$$

$$= \frac{-27-1}{6} \cdot \left(-\frac{12}{21}\right)$$

$$-\frac{43}{6} \cdot \left(-\frac{12}{21}\right)$$

$$= \frac{43}{6} \cdot \frac{12}{21}$$

$$\frac{86}{21}$$

QUESTIONS

1. $\dfrac{\frac{a}{b}}{a} - \dfrac{a}{\frac{b}{a}} = ?$

A) $\dfrac{a-1}{b}$ B) $\dfrac{1-a}{b}$ C) a-1   D) $\dfrac{1-a^2}{b}$

E) $\dfrac{a^2-1}{b}$

(Solution):

$$\dfrac{\frac{a}{b}}{a} - \dfrac{a}{\frac{b}{a}} = \dfrac{a}{ab} - \dfrac{a^2}{b} = \dfrac{1-a^2}{b}$$

2. x>0

$\dfrac{\frac{1}{x}}{3} + \dfrac{\frac{1}{3}}{x} = \dfrac{x}{6} \Rightarrow x = ?$

A) 1   B) 2   C) 3   D) 4

E) 6

(Solution):

$$\dfrac{1}{3x} + \dfrac{1}{3x} = \dfrac{x}{6}$$

$$\dfrac{2}{3x} = \dfrac{x}{6} \Rightarrow 3x^2 = 12$$

$$x^2 = 4$$

$$x = \pm 2$$

$$x = 2$$

3. $\frac{x}{2} - \frac{x-1}{4} = 1 \Rightarrow x = ?$

A)1 B)2 C)3 D)4 E)6

(Solution):

$\frac{2x-(x-1)}{4} = 1$

$2x - x + 1 = 4 \Rightarrow x = 3$

4. $\frac{x}{4} - \frac{1}{x-1} = 1 \Rightarrow x = ?$

A)3 B)2 C)1 D)-1 E)-2

(Solution):

$\frac{4}{x} - \frac{1}{x-1} = 1$

$\frac{4(x-1)-x}{x^2-x} = 1 \Rightarrow 3x - 4 = x^2 - x$

$x^2 - 4x + 4 = 0$

$(x-2)^2 = 0$

$x = 2$

5. $\frac{a+1}{a} = x$

$\frac{b-1}{b} = y \Rightarrow \frac{1}{a} + \frac{1}{b} = ?$

A)$\frac{x}{y}$ B)$\frac{y}{x}$ C)x-y   D)y-x
E)x+y

(Solution):

$$\frac{a+1}{a} = 1 + \frac{1}{a} = x \Rightarrow \frac{1}{a} = x - 1$$

$$\frac{b-1}{b} = 1 - \frac{1}{b} = y \Rightarrow \frac{1}{b} = 1 - y$$

$$\Rightarrow \frac{1}{a} + \frac{1}{b} = x - 1 + 1 - y = x - y$$

6.0<x

$$\frac{\frac{2}{x}}{3} - \frac{3}{\frac{2}{x}} = 0 \Rightarrow x = ?$$

A)$\frac{3}{2}$ B)$\frac{1}{2}$ C)$\frac{2}{3}$ D)$\frac{1}{3}$
E)1

(Solution):

$$\frac{2}{3x} = \frac{3x}{2} \Rightarrow 9x^2 = 4 \Rightarrow x = \frac{2}{3}$$

7. $\frac{3^{-1}+3}{2^{-1}+2} = ?$

A)$\frac{1}{3}$ B)$\frac{2}{3}$ C)$\frac{4}{3}$ D)1
E)3

(Solution):

$$\frac{3^{-1}+3}{2^{-1}+2} = \frac{\frac{1}{3}+3}{\frac{1}{2}+2} = \frac{\frac{10}{3}}{\frac{5}{2}} = \frac{20}{15} = \frac{4}{3}$$

8. $\left[\frac{a}{b} - \left(2 - \frac{b}{a}\right)\right] : \frac{a-b}{ab} = ?$

A) -ab   B) 2ab   C) a+b   D) b-a
E) a-b

(Solution):

$\left[\frac{a}{b} - \left(2 - \frac{b}{a}\right)\right] : \frac{a-b}{ab} = \left[\frac{a}{b} - \frac{2a-b}{a}\right] \cdot \frac{ab}{a-b}$

$= \frac{a^2 - 2ab + b^2}{ab} \cdot \frac{ab}{a-b}$

$= \frac{(a-b)^2}{a-b}$

$= a - b$

9. $\frac{\left(\frac{1}{3}-2\right)+\left(\frac{1}{2}-3\right)}{\left(2-\frac{3}{4}\right)\cdot\left(\frac{3}{2}-4\right)} = ?$

A) $-\frac{6}{5}$ B) $-\frac{4}{3}$ C) 1   D) $\frac{4}{3}$
E) $\frac{6}{5}$

(Solution):

$\frac{\left(\frac{1}{3}-2\right)+\left(\frac{1}{2}-3\right)}{\left(2-\frac{3}{4}\right)\cdot\left(\frac{3}{2}-4\right)} = \frac{-\frac{5}{3}-\frac{5}{2}}{\frac{5}{4}\cdot\left(-\frac{5}{2}\right)} = \frac{-\frac{25}{6}}{-\frac{25}{8}}$

$$= \frac{25}{6} \cdot \frac{8}{25} = \frac{8}{6} = \frac{4}{3}$$

10. $\left[\frac{2}{\frac{2}{3}-1}\right] \cdot \left[\frac{\frac{2}{3}+1}{2}\right] = ?$

A) $-\frac{1}{30}$ B) $-\frac{5}{6}$ C) $-\frac{1}{5}$ D) -6
E) -5

(Solution):

$$\frac{2}{-\frac{1}{3}} \cdot \frac{\frac{5}{3}}{2} = (-6) \cdot \frac{5}{6} = -5$$

11. $\left.\begin{array}{r}a.b = \frac{12}{35} \\ b.c = \frac{28}{45} \\ a.c = \frac{1}{3}\end{array}\right\} \Rightarrow |a| = ?$

A) $\frac{7}{9}$ B) $\frac{3}{5}$ C) $\frac{5}{4}$ D) $\frac{1}{7}$
E) $\frac{3}{7}$

(Solution):

$(a.b.b.c.a.c) = \frac{12}{35} \cdot \frac{28}{45} \cdot \frac{1}{3}$

$(a.b.c)^2 = \frac{4}{5} \cdot \frac{4}{15} \cdot \frac{1}{3}$

$(a.b.c) = \pm \frac{4}{15}$

$$\frac{a.b.c}{b.c} = \pm\frac{4}{15} : \frac{28}{45}$$

$$a = \pm\frac{1}{1} . \frac{3}{7}$$

$$a = \pm\frac{3}{7} \quad , \quad |a| = \frac{3}{7}$$

1. $\dfrac{1+\frac{1}{3}}{1-\frac{1}{5}} : \dfrac{1-\frac{1}{3}}{1+\frac{1}{5}} = ?$

A)1 B)2 C)-3 D)3 E)5

2. $\left(\dfrac{\frac{1}{3}}{4} - \dfrac{2}{\frac{3}{4}}\right) : (12)^{-1} = ?$

A)0 B)2 C)-21 D)-31
E)26

3. $\left[\dfrac{1}{2}\left(2-\dfrac{1}{3}\right) - \dfrac{1}{5}\left(1+\dfrac{1}{4}\right)\right] : \dfrac{1}{3} = ?$

A)2 B)$\dfrac{5}{2}$ C)$\dfrac{6}{7}$ D)$\dfrac{7}{4}$ E)$\dfrac{8}{5}$

4. $\left(\left(1-\dfrac{1}{7}\right) : \dfrac{6}{7}\right) : \left(1-\dfrac{3}{10}\right) = ?$

A)$\dfrac{-7}{6}$ B)$\dfrac{-5}{6}$ C)$\dfrac{10}{7}$ D)$\dfrac{3}{7}$
E)$\dfrac{-5}{4}$

5. $\dfrac{a-b}{2a+b} = \dfrac{1}{4} \Rightarrow \dfrac{a+b}{3.a} = ?$

A)$\frac{1}{3}$ B)$\frac{5}{4}$ C)$\frac{7}{4}$ D)$\frac{-15}{2}$
E)$\frac{7}{15}$

6. $\dfrac{-2\frac{1}{3}}{4-\frac{2}{3}} : \dfrac{5+\frac{1}{2}}{7-\frac{1}{3}} = ?$

A)$-\frac{19}{3}$ B)$\frac{-28}{33}$ C)$\frac{5}{8}$ D)$\frac{29}{18}$
E)$\frac{7}{2}$

7. $\dfrac{0.2}{0.02} + \dfrac{0.3}{0.03} - \dfrac{4}{0.4} = ?$

A)20   B)30   C)-10   D)10
E)40

8. $2.4.a - 0.6 = 0.8.a + 0.04 \Rightarrow a = ?$

A)1.2   B)0.16   C)0.4   D)3.2   E)4.1

9. $\dfrac{0.\overline{4}.a}{0.\overline{3}} - \dfrac{0.6.a}{\frac{1}{0.\overline{2}}} = 1 \Rightarrow a = ?$

A)$\frac{2}{3}$ B)$\frac{4}{9}$ C)$\frac{5}{6}$ D)$\frac{7}{2}$ E)$\frac{8}{3}$

10. $1 + \dfrac{12}{1+\frac{12}{1+12}} = ?$

A)0   B)2   C)4   D)6   E)12

11. $2 - \dfrac{1}{1+\dfrac{2}{1+\dfrac{1}{a}}} = \dfrac{3}{2} \Rightarrow a = ?$

A) 0 B) 1 C) 2 D) 3 E) 4

12. $\dfrac{0.003}{0.002} - \dfrac{0.05}{0.10} = ?$

A) 1 B) 2 C) -3 D) 4 E) 8

13. $\dfrac{1+\dfrac{1}{a}}{1+\dfrac{1}{1-\dfrac{2}{a+2}}} = ?$

A) 2a B) -2 C) $\dfrac{1}{2}$ D) $\dfrac{18}{4}$ E) $\dfrac{19}{2}$

14. $\dfrac{\frac{2}{3}}{4} - \dfrac{2}{\frac{3}{4}} = ?$

A) $\dfrac{-1}{7}$ B) $\dfrac{-5}{2}$ C) $\dfrac{8}{3}$ D) $\dfrac{18}{4}$ E) $\dfrac{19}{2}$

15. $\dfrac{\left(1-\frac{1}{3}\right)+\left(1+\frac{2}{4}\right)}{\left(2-\frac{1}{3}\right)+\left(\frac{4}{3}-1\right)} = ?$

A) $\dfrac{13}{24}$ B) $\dfrac{13}{12}$ C) $\dfrac{19}{2}$ D) $\dfrac{16}{3}$
E) $\dfrac{2}{9}$

16. $\frac{13-x}{23-x} = \frac{1}{2} \Rightarrow x = ?$

A)1 B)2 C)3 D)4
E)5

17. $\frac{\left(1-\frac{1}{2}\right).\left(3-\frac{2}{3}\right)}{\left(2+\frac{1}{2}\right).\left(1-\frac{1}{5}\right)} = ?$

A)4 B)$\frac{3}{2}$ C)$\frac{7}{12}$ D)$\frac{3}{5}$
E)8

18. $\frac{0.\overline{3}.a}{0.\overline{6}} - \frac{0.6.a}{0.\overline{3}} = 1 \Rightarrow a = ?$

A)$\frac{-13}{2}$ B)$\frac{-10}{13}$ C)$\frac{9}{2}$ D)$\frac{5}{6}$
E)$\frac{7}{2}$

19. $\frac{2.\overline{2}}{4.\overline{4}} + \frac{0.\overline{2}}{0.\overline{4}} = ?$

A)$\frac{1}{2}$ B)$\frac{1}{4}$ C)$\frac{1}{8}$ D)$\frac{1}{16}$
E)1

20. $\frac{2.\overline{2} - 1.\overline{2} - 0.4}{1.\overline{4} + 1.\overline{2} - 0.2} = ?$

A)$\frac{3}{11}$ B)$\frac{9}{37}$ C)$\frac{21}{2}$ D)$\frac{62}{3}$
E)12

21. $\dfrac{a^2}{a-\dfrac{1}{1+\dfrac{2}{2.a}}} = 10 \Rightarrow a = ?$

A) 7　　　　　B) 8　　　　　C) -4　　　　　D) 9
E) 16

22. $2a\dfrac{1}{2a+\dfrac{1}{3}} = 3 \Rightarrow a = ?$

A) $\dfrac{1}{2}$　　　　　B) $\dfrac{2}{3}$　　　　　C) $\dfrac{4}{3}$　　　　　D) $\dfrac{5}{2}$
E) $\dfrac{7}{6}$

23. $\dfrac{1}{2} - \left(\dfrac{1}{3} - \dfrac{1}{2}\right) - \left(\dfrac{1}{4} - \dfrac{1}{3}\right) = ?$

A) $\dfrac{1}{6}$　　　　　B) $\dfrac{3}{4}$　　　　　C) 8　　　　　D) 0
E) $\dfrac{1}{32}$

(Answers)						
1.D	2.D	3.D	4.C	5.E	6.B	
7.D	8.C	9.C	10.C	11.B	12.A	
13.C	14.B	15.B	16.C	17.C	18.B	
19.E	20.B	21.D	22.C	23.B		

1. $\dfrac{3}{5} + \dfrac{5}{2} \cdot \left[\dfrac{3}{5} - \dfrac{5}{3} : \dfrac{4}{6}\right] = ?$

A) 4 B) $\dfrac{7}{2}$ C) $-\dfrac{9}{5}$ D) $-\dfrac{11}{2}$
E) $-\dfrac{83}{20}$

2. $\dfrac{1}{1-\dfrac{2}{1-\dfrac{2}{3}}} - \dfrac{2-\dfrac{1}{1+\dfrac{2}{1-\dfrac{1}{2}}}}{5} = ?$

A) $-\dfrac{3}{5}$ B) $-\dfrac{7}{5}$ C) $-\dfrac{14}{25}$ D) $\dfrac{7}{25}$
E) $\dfrac{3}{125}$

3. $\dfrac{3}{5} - \dfrac{1}{5} : \left(\dfrac{2}{3} - \dfrac{1}{5} - \dfrac{1}{5}\right) = ?$

A) $\dfrac{1}{2}$ B) $\dfrac{3}{5}$ C) $-\dfrac{3}{20}$ D) $\dfrac{7}{20}$
E) $-\dfrac{1}{20}$

4. $\dfrac{4 - \dfrac{1}{1+\dfrac{1}{1+\dfrac{1}{3}}}}{2 + \dfrac{1}{8+\dfrac{5}{2}}} = ?$

A) $\dfrac{9}{11}$ B) $\dfrac{10}{11}$ C) $\dfrac{15}{11}$ D) $\dfrac{17}{11}$
E) $\dfrac{18}{11}$

5. $\left(1-\dfrac{1}{1-\frac{2}{3}}\right)^{-1}=?$

A) -2   B) $-\dfrac{3}{2}$ C) $-\dfrac{1}{2}$ D) $\dfrac{1}{2}$
E) 2

6. $\dfrac{\left(3-\frac{3}{2}\cdot\frac{7}{3}\right):\left(\frac{5}{4}-2\right)}{2+\frac{1}{1-\frac{1}{3}}}=?$

A) $\dfrac{4}{25}$ B) $\dfrac{4}{21}$ C) $\dfrac{1}{3}$ D) $\dfrac{1}{4}$
E) $\dfrac{4}{27}$

7. $\dfrac{3}{4}-\dfrac{3}{4}\cdot\dfrac{2}{5}:\dfrac{6}{5}+\dfrac{7}{2}=?$

A) 1   B) 2   C) 3   D) 4
E) 5

8. $\dfrac{1-\frac{1-\frac{1}{3}}{3}}{1-\frac{1}{1-\frac{1}{3}}}=?$

A) $\dfrac{16}{3}$ B) $-\dfrac{14}{9}$ C) $\dfrac{23}{9}$ D) $\dfrac{31}{9}$
E) $-\dfrac{41}{3}$

9. $\dfrac{\frac{1}{7}}{3} : \left[\dfrac{3}{\frac{7}{3}+\frac{7}{3}+\frac{7}{3}}\right] = ?$

A) $\dfrac{1}{3}$　　　　B) $\dfrac{2}{3}$　　　　C) 1　　　　D) 2
E) 3

10. $\left(1-\dfrac{1}{4}\right)\cdot\left(1-\dfrac{1}{5}\right)\ldots\left(1-\dfrac{1}{n}\right) = ?$

A) $\dfrac{3}{n}$　　　　B) $\dfrac{n-1}{n}$　　　　C) $\dfrac{4}{n}$　　　　D) $\dfrac{2}{n}$
E) $\dfrac{3}{2n}$

11. $1 + \dfrac{2}{1-\dfrac{1}{2-\frac{2}{3}}} = ?$

A) 4　　　　B) $\dfrac{8}{3}$　　　　C) $\dfrac{11}{6}$　　　　D) 7
E) 9

12. $\left[5 - \dfrac{1-\frac{1}{3}}{1+\frac{1}{3}}\right]\cdot\left(2+\dfrac{2}{3}\right) = ?$

A) 12　　　　B) 8　　　　C) $\dfrac{7}{9}$　　　　D) $\dfrac{5}{3}$
E) $\dfrac{5}{6}$

13. $\left[2 - \dfrac{1}{1-\frac{1}{1-\frac{1}{3}}}\right]\cdot\left[1 + \dfrac{1}{1+\frac{1}{3}}\right] = ?$

A)-3   B)7   C)6   D)$\frac{1}{3}$
E)9

14. $\frac{1}{3} - \frac{1}{2}\left[2 - \frac{1}{2}\left(1 + \frac{1}{3}\right)\right] + 1 = ?$

A)$\frac{1}{3}$ B)$-\frac{4}{3}$ C)$\frac{1}{6}$ D)$\frac{1}{3}$
E)$\frac{2}{3}$

15. $\left[12 : \frac{2}{1-\frac{2}{3}} - 1\right] : \frac{1}{5} = ?$

A)5   B)7   C)$\frac{4}{7}$ D)1
E)$\frac{11}{8}$

16. $\left(1 - \frac{1}{2}\right) : \left(\frac{\frac{1}{2} - \frac{1}{4}}{1 + \frac{1}{2}}\right) = ?$

A)$\frac{1}{4}$ B)$\frac{2}{3}$ C)2   D)3
E)$\frac{1}{6}$

17. $\frac{1 + \frac{1}{2}}{1 - \frac{1}{2}} : \left[1 - \frac{1}{1 - \frac{1}{2}}\right] = ?$

A)-3   B)$\frac{1}{2}$ C)0   D)$\frac{3}{2}$
E)-1

18. $1-\dfrac{1}{1+\dfrac{1}{1-\dfrac{1}{2}}}=?$

A) $\dfrac{2}{5}$ B) $\dfrac{1}{4}$ C) $\dfrac{2}{3}$ D) $\dfrac{1}{2}$
E) 1

19. $\dfrac{1}{2-\dfrac{2}{4-\dfrac{4}{3}}}=?$

A) $\dfrac{2}{5}$ B) $\dfrac{7}{5}$ C) 3 D) $\dfrac{4}{5}$
E) $\dfrac{3}{8}$

20. $\dfrac{\left(\dfrac{7}{3}-\dfrac{3}{2}\right)\left(\dfrac{5}{2}-\dfrac{2}{4}\right)}{\left(1+\dfrac{5}{2}\right)-\left(1-\dfrac{3}{4}\right)}=?$

A) $\dfrac{1}{3}$ B) $\dfrac{31}{18}$ C) $\dfrac{20}{39}$ D) $\dfrac{4}{9}$
E) $\dfrac{10}{47}$

21. $1+\dfrac{1}{1-\dfrac{1}{1-\dfrac{1}{2}}}=?$

A) -1 B) 0 C) 1 D) 2
E) 5

22. $\dfrac{\left(1+\dfrac{1}{2}\right)\left(1+\dfrac{1}{3}\right)\left(1+\dfrac{1}{4}\right).....\left(1+\dfrac{1}{a}\right)}{\left(1-\dfrac{1}{2}\right)\left(1-\dfrac{1}{3}\right)\left(1-\dfrac{1}{4}\right).....\left(1-\dfrac{1}{a}\right)}=?$

A) $\dfrac{2}{a}$ B) $\dfrac{a(a+1)}{2}$ C) $\dfrac{a}{2}$ D) a
E) $\dfrac{2}{a(a+1)}$

(Answers)					
1.E	2.C	3.C	4.E	5.C	6.B
7.D	8.B	9.C	10.A	11.E	12.A
13.B	14.E	15.A	16.D	17.A	18.C
19.D	20.C	21.B	22.B		

1. $\dfrac{1}{1-\dfrac{1}{1-\dfrac{1}{2}}} = 2x \Rightarrow x = ?$

A)-1   B)$\dfrac{1}{2}$ C)$-\dfrac{1}{2}$ D)1
E)-2

2. $x = \dfrac{2}{1+\dfrac{1}{2-a}} \Rightarrow a = ?$

A)$\dfrac{5x-3}{9-x}$ B)$\dfrac{5x-4}{3x}$ C)$\dfrac{3x-4}{x-2}$ D)2x
E)$\dfrac{4-5}{2}$

3. $\dfrac{1}{a} - \left(\dfrac{1}{a} - \dfrac{1}{b} + \dfrac{1}{ab}\right) - \left(\dfrac{1}{a} + \dfrac{1}{b}\right) = ?$

A)1   B)a   C)b   D)$\dfrac{a+b}{b}$
E)$\dfrac{-b-1}{ab}$

4. $\dfrac{1+\dfrac{1}{1+\dfrac{2}{a-2}}}{1-\dfrac{1}{a}} = ?$

A)1   B)0   C)2   D)$\dfrac{a}{2}$
E)3a

5. $\dfrac{x}{1-\dfrac{1}{x+1}} - \dfrac{1}{1-\dfrac{x}{x+1}} = ?$

A)0   B)1   C)2   D)x   E)20

6. $\dfrac{x}{1-\frac{1}{x+1}} - \dfrac{x}{1-\frac{x}{1+x}} = ?$

A) 0   B) $\dfrac{1}{x}$ C) $\dfrac{2}{x}$ D) x   E) 2x

7. $\dfrac{\frac{a}{2}}{a-\frac{a+b}{2}} + \dfrac{\frac{b}{2}}{b-\frac{a+b}{2}} = ?$

A) $\dfrac{a+b}{a-b}$ B) $\dfrac{a-b}{a+b}$ C) a+b   D) 1
E) a-b

8. $1 - \dfrac{1}{1-\frac{1}{1-\frac{1}{a}}} = ?$

A) 1+a   B) 1-a   C) -a   D) a
E) a-1

9. $\dfrac{1}{\frac{2}{1+\frac{1}{4}}+1} = ?$

A) $\dfrac{5}{13}$ B) $\dfrac{13}{5}$ C) $\dfrac{5}{14}$ D) $\dfrac{1}{2}$
E) 2

10. $\left(\dfrac{2}{3}\cdot 2 - 1\right) : \dfrac{1}{6} = ?$

A) $\dfrac{1}{3}$ B) 1   C) 2   D) 4
E) 6

11. $1 + \dfrac{1}{1 - \dfrac{1}{1+\dfrac{1}{2}}} = ?$

A) $\dfrac{1}{2}$ B) 1 C) 2 D) $\dfrac{3}{2}$
E) 4

12. $\dfrac{\dfrac{1}{2}-\dfrac{2}{9}}{1+\dfrac{2}{3}} + \dfrac{1}{3} = ?$

A) $\dfrac{1}{2}$ B) $\dfrac{1}{3}$ C) 3 D) $\dfrac{2}{3}$
E) 1

13. $\left[\dfrac{2-\dfrac{1}{3}}{\dfrac{1}{2}+\dfrac{7}{3}}\right] : \dfrac{5}{17} = ?$

A) 1 B) 2 C) 3 D) 4 E) 5

14. $\dfrac{1}{a-1} - \dfrac{1}{1-\dfrac{1}{a}} = ?$

A) -2 B) -1 C) 0 D) 1 E) 2

15. $\dfrac{\left(3-\dfrac{1}{2}\right)+\left(1-\dfrac{1}{2}\right)}{\left(4-\dfrac{1}{4}\right)-\left(\dfrac{3}{4}-1\right)} = ?$

A) 2 B) 1 C) $\dfrac{1}{2}$ D) $\dfrac{1}{4}$ E) $\dfrac{3}{4}$

16. $1 + \cfrac{1}{1+\cfrac{1}{1+\frac{1}{3}}} = ?$

A) $\frac{7}{4}$ B) $\frac{3}{4}$ C) $\frac{7}{10}$ D) $\frac{7}{17}$
E) $\frac{11}{7}$

17. $1 + \cfrac{1+\cfrac{1}{1+\frac{1}{2}}}{\frac{1}{2}} = ?$

A) 9   B) 3   C) $\frac{1}{2}$ D) $\frac{1}{4}$
E) $\frac{1}{8}$

18. $\frac{1}{2} - \left(\frac{1}{2} - \frac{1}{3}\right) - \left(\frac{1}{2} + \frac{1}{3} - \frac{1}{6}\right) = ?$

A) $-\frac{1}{3}$ B) $-\frac{2}{3}$ C) $\frac{1}{3}$ D) $\frac{1}{6}$
E) $\frac{2}{3}$

19. $\left(2 + \frac{2}{3}\right) : \left(\frac{1}{2} - \frac{1}{4}\right) = ?$

A) $\frac{32}{3}$ B) $\frac{16}{3}$ C) $\frac{24}{9}$ D) $\frac{16}{9}$
E) $\frac{1}{12}$

20. $\frac{1}{a+1} + \frac{1}{1+\frac{1}{a}} = ?$

A)-2 B)-1 C)0 D)1
E)2

21. $\dfrac{\dfrac{1}{2}-\dfrac{2}{3}:\dfrac{5}{3}}{\dfrac{1}{2}+\dfrac{1}{3}:\dfrac{2}{3}}=?$

A)$\dfrac{1}{10}$ B)$\dfrac{2}{5}$ C)$\dfrac{1}{3}$ D)$\dfrac{1}{2}$
E)2

22. $\dfrac{1-\dfrac{2}{1+\dfrac{2}{3}}}{2+4:3}=?$

A)$-\dfrac{50}{3}$ B)$\dfrac{50}{3}$ C)0.03 D)-0.06
E)-0.6

23. $x-\dfrac{2+\dfrac{1}{2+\dfrac{1}{x}}}{\dfrac{1}{2x+1}}=?$

A)$\dfrac{2(2x-1)}{x+1}$ B)$\dfrac{2x+4}{x-2}$ C)$\dfrac{x+1}{x-1}$ D)$3x-2$
E)$-2(2x+1)$

(Answers)					
1.C	2.C	3.E	4.C	5.A	6.B
7.D	8.D	9.A	10.C	11.E	12.A
13.B	14.B	15.E	16.E	17.A	18.A
19.A	20.D	21.A	22.D	23.E	

1. $5.73\overline{7}$

A) $\dfrac{568}{99}$ B) $\dfrac{737}{990}$ C) $5\dfrac{166}{225}$ D) $\dfrac{568}{990}$
E) $5\dfrac{730}{99}$

2. $0.3\overline{8} : 0,0.3\overline{8} = ?$

A) $\dfrac{70}{38}$ B) $\dfrac{38}{55}$ C) 1 D) $\dfrac{35}{38}$
E) $\dfrac{77}{76}$

3. $a = 0.1\overline{5},\ b = 0.\overline{6} \Rightarrow \dfrac{1}{a} - \dfrac{1}{b} = ?$

A) 5.1 B) 5.2 C) 6.1 D) 6.2
E) 6.3

4. $\dfrac{0.\overline{12} + 0.\overline{23}}{0.\overline{03} + 0.\overline{04}} = \dfrac{a}{b} \Rightarrow a - b = ?$

A) 4b B) 2b C) b D) -b
E) -2b

5. $\left(\dfrac{0.0125}{0.025} - \dfrac{0.064}{0.04}\right) = ?$

A) 5.4 B) -4.5 C) 0.9 D) 0.01
E) -1.1

6. $\dfrac{0.02}{0.22} + \dfrac{0.3}{0.33} + \dfrac{0.4}{0.044} + \dfrac{50}{5.5} = ?$

A)$14\frac{2}{11}$ B)$17\frac{1}{11}$ C)$19\frac{2}{11}$ D)$\frac{119}{11}$
E)$20\frac{1}{11}$

7. $\frac{21.42}{0.21} \cdot \frac{1}{0.05} - \frac{1}{0.5} = ?$

A)50 B)60 C)70 E)80
E)90

8. $\left(\frac{1}{3} - 0.\overline{19}\right) : \left(\frac{0.5}{0.03} - \frac{0.6}{0.02}\right) = ?$

A)−0.01 B)-0.1 C)0.001 D)0.1
E)-0.001

9. $a=0.36, b=0.09 \Rightarrow \frac{a+b}{b} = ?$

A)$\frac{1}{4}$ B)$\frac{1}{5}$ C)4 D)5
E)6

10. $0.\overline{5} - 0.\overline{8} : 2.\overline{9} = ?$

A)$\frac{2}{27}$ B)$\frac{1}{9}$ C)$\frac{4}{27}$ D)$\frac{5}{27}$
E)$\frac{7}{27}$

11. $\frac{15}{0.4} - \frac{5}{0.16} + \frac{3}{0.48} = ?$

A)7.5 B)10.5 C)12.5 D)15
E)16

12. $\dfrac{a}{b} = 1.2121\ldots\ldots \Rightarrow \dfrac{a+b}{b} = ?$

A)$\dfrac{62}{33}$ B)$\dfrac{65}{33}$ C)$\dfrac{70}{33}$ D)$\dfrac{73}{33}$
E)$\dfrac{80}{33}$

13. $\dfrac{0.017}{0.02} + \dfrac{1.2}{0.05} + \dfrac{0.06}{0.4} = ?$

A)25 B)35 C)40 D)44
E)50

14. $\dfrac{1.5}{0.3} + \dfrac{0.39}{0.52} + \dfrac{3.15}{2.52} = ?$

A)0.8 B)0.14 C)7 D)9
E)0.07

15. $0.\overline{6} + 0.\overline{33} = ?$

A)$\dfrac{2}{9}$ B)1 C)2 D)0.6
E)0.12

16. $\dfrac{1}{6} : \left(1 - \dfrac{5}{6}\right) + \dfrac{1}{1 - 0.\overline{3}} = ?$

A) $\frac{5}{2}$ B) 15   C) 11   D) $\frac{9}{2}$
E) $\frac{11}{9}$

17. $(0.3\bar{6} - 0.1\bar{9})(2 + 15.\bar{9}) = ?$

A) $\frac{2}{9}$ B) $\frac{3}{11}$ C) 3   D) 8.2   E) 5

18. $\dfrac{\left[\frac{1}{3} - \left(\frac{3}{4} + \frac{1}{3}\right)\right] : \frac{3}{6}}{1 + 0.\bar{2}} = ?$

A) $-\frac{3}{2}$ B) -1   C) 2   D) 4
E) $-\frac{18}{11}$

19. $1 + \dfrac{0.4}{1 - \dfrac{4}{30 + \frac{6}{0.4}}} = ?$

A) $1\frac{18}{41}$ B) $2\frac{25}{36}$ C) $1\frac{11}{61}$ D) $1\frac{12}{25}$
E) $\frac{21}{25}$

20. $\dfrac{0.005}{0.0015} : \dfrac{0.024}{0.0009} = ?$

A) $\frac{1}{8}$ B) $\frac{1}{4}$ C) 2   D) 4   E) 8

21. $\dfrac{0.0\bar{5}}{\frac{1}{9}} - \dfrac{\frac{1}{99}}{0.0\bar{3}} = ?$

A)2	B)3	C)$\frac{9}{2}$	D)5
E)$\frac{14}{3}$

22. $\dfrac{0.xy+0.00xy}{0.xy}=?$

A)1	B)11	C)1.01	D)1.1
E)1.11

(Answers)					
1.C	2.E	3.A	4.A	5.E	6.C
7.D	8.A	9.D	10.E	11.C	12.D
13.A	14.C	15.B	16.A	17.C	18.E
19.A	20.A	21.E	22.C		

1. $\dfrac{(0.4)^2+(0.45)+(0.6)^2}{(0.68)^2-(0.29)^2}=?$

A) $\dfrac{24}{60}$ B) $\dfrac{68}{28}$ C) $\dfrac{72}{74}$ D) $\dfrac{120}{25}$
E) $\dfrac{100}{39}$

2. $\left(\dfrac{(0.2)^{-2}(0.03)^{-1}}{(0.015)^{-1}}\right)=?$

A) 12.5   B) 15   C) 21.5   D) 36
E) 57

3. $0.\overline{6} - \dfrac{1}{0.\overline{3}+\frac{1}{3}} =?$

A) $\dfrac{1}{3}$ B) $\dfrac{1}{6}$ C) 1   D) $-\dfrac{3}{5}$
E) $-\dfrac{5}{6}$

4. $\dfrac{6.\overline{9}}{1-\dfrac{0.\overline{3}}{1+\frac{1}{2}}} =?$

A) 1   B) 2   C) 3   D) 6
E) 9

5. $\left[\left(0.\overline{6}+\dfrac{7}{3}\right):0.\overline{9}\right]+6=?$

A) 6   B) 8   C) 9   D) 12
E) 16

6) $\dfrac{0.2}{0.03} + \dfrac{0.02}{0.3} + \dfrac{0.002}{0.003} = ?$

A)1   B)2   C)$\dfrac{7}{3}$ D)$\dfrac{37}{5}$
E)0

7. $2.\overline{3} + \dfrac{4}{1+\dfrac{1}{0.2}} = ?$

A)1   B)2   C)3   D)4
E)5

8. $\dfrac{32}{11.a} = 1.\overline{45} \Rightarrow a = ?$

A)5   B)4   C)3   D)2   E)1

9. $\left[\dfrac{0.0\overline{6}-0.\overline{06}}{0.006}\right]^{-1} = ?$

A)$\dfrac{1}{2}$ B)1   C)$\dfrac{1}{4}$ D)3   E)2

10. $0.008 = 0.4.x \Rightarrow x = ?$

A)0.0002   B)0.002   C)0.0032   D)0.032
E)0.02

11. $x = 0.2 \Rightarrow \dfrac{0.012}{0.06} - 0.4 = ?$

A)$x^2 + x$ B)$2x^2$ C)$3x^2$ D)$4x^2$
E)$-x$

12. $\left[\dfrac{0.\overline{3}+0.0\overline{3}}{1+\dfrac{3}{1-\dfrac{1}{3}}}\right]^{-1} = ?$

A) $\dfrac{10}{3}$ B) $\dfrac{5}{2}$ C) 6   D) 11
E) 15

13. $\dfrac{0.011}{0.0011}+\dfrac{0.022}{0.0022}+\dfrac{0.033}{0.0033}=?$

A) 5   B) 8   C) 10   D) 12
E) 20

14. $\dfrac{0.2x+0.05}{0.05x}=?$

A) x   B) 2x   C) 4   D) 5
E) 50

15. $\dfrac{0.\overline{3}+0.\overline{4}}{0.0\overline{7}}=?$

A) $\dfrac{1}{10}$ B) 7   C) 10   D) 70   E) 100

16. $\dfrac{1-0.\overline{4}}{0.07}=?$

A)5 B)10 C)15 D)20
E)25

17. $\dfrac{(0.\overline{3}x+0.\overline{2}x)}{0.0\overline{5}x} = ?$

A)x B)10x C)$\dfrac{1}{10}$ D)10
E)64

18. $\dfrac{0.4+0.04+0.004}{0.00001} = ?$

A)4 B)40 C)400 D)4000
E)44400

19. $0.\overline{3}x + 0.\overline{2}x + 0.\overline{7}y - 0.\overline{6}y = ?$

A)x+10y B)$\dfrac{x}{2} + 10y$ C)$x + \dfrac{1}{10}y$ D)$\dfrac{1}{9}(5x + y)$ E)$\dfrac{1}{10}(x + y)$

20. $a.0.\overline{1}.b = 0.\overline{3}.b \Rightarrow a = ?$

A)$\dfrac{1}{3}$ B)1 C)3 D)5
E)9

21. $\dfrac{0.1+0.01+0.001+0.0001}{0.4+0.04} = ?$

A) $\frac{1}{4}$
B) $\frac{101}{400}$
C) $\frac{1}{40}$
D) $\frac{11}{4}$
E) $\frac{11}{40}$

22. $\frac{0.22}{0.11} = \frac{4}{7} \Rightarrow \frac{a+b}{b} = ?$

A) $\frac{1}{7}$
B) $\frac{2}{7}$
C) $\frac{4}{7}$
D) $\frac{9}{7}$
E) $\frac{11}{7}$

23. $\frac{0.\overline{1} - 0.0\overline{1}}{0.\overline{01}} = ?$

A) $\frac{1}{99}$
B) $\frac{11}{99}$
C) $\frac{1}{10}$
D) 9
E) $\frac{99}{10}$

24. a=0.2, b=2.b $\Rightarrow \frac{a}{b} = ?$

A) $\frac{1}{5}$
B) $\frac{2}{5}$
C) $\frac{9}{5}$
D) $\frac{11}{5}$
E) 3

(Answers)						
1.E	2.A	3.E	4.E	5.C	6.D
7.C	8.D	9.B	10.E	11.E	12.E
13.E	14.D	15.C	16.B	17.D	18.E
19.D	20.C	21.B	22.D	23.E	24.D

RATIO & PROPORTION

Definition

$\frac{a}{b} = k, \frac{c}{d} = k, \frac{e}{f} = k \Rightarrow$

$\frac{a}{b} = \frac{c}{d} = \frac{e}{f} = k$

(*This expression is called propertion*)

$\frac{2}{3} = \frac{4}{6} = \frac{6}{9} \dots \dots \dots = \frac{2n}{3n}$

$k = \frac{2}{3}$

$\left(\frac{2}{3} = \frac{4}{6} = \frac{6}{9} = \dots \dots = \frac{2n}{3n} \text{ is a proportion where}\right)$

$k = \frac{2}{3}$ *is called proportionality constant.*

PROPERTIES

1. $a : b = c : d \Rightarrow \frac{a}{c} = \frac{b}{d}$

$a : b : c : d : f \Rightarrow \frac{a}{d} = \frac{b}{e} = \frac{c}{f}$

2. $\frac{a}{b} = \frac{c}{d} \Rightarrow$

(*I*). a.d=b.c

(*II*). $\frac{a}{c} = \frac{b}{d}$

(*III*). $\frac{d}{b} = \frac{c}{a}$

(*IV*). $\frac{b}{a} = \frac{d}{c}$

(***Example***) :

$\frac{a}{b} = \frac{c}{d} = \frac{2}{3} \Rightarrow \left(\frac{a+d}{b}\right) \cdot \left(\frac{c+b}{d}\right) =?$

$3a = 2b$

$3c = 2d$

(Sloution):

$\left.\begin{array}{l}a = c = 2 \\ b = d = 3\end{array}\right\} \Rightarrow$

$\left(\frac{a+d}{b}\right) \cdot \left(\frac{c+b}{d}\right) = \left(\frac{2+3}{3}\right) \cdot \left(\frac{2+3}{3}\right) = \frac{5}{3} \cdot \frac{5}{3} = \frac{25}{9}$

$3. \frac{a}{b} = \frac{c}{d} = k \Rightarrow$

(I) $\quad \frac{a+c}{b+d} = k$

(II) $\quad \frac{m.a}{m.b} = \frac{t.c}{t.d} = \frac{m.a+t.c}{m.b+t.d} = k$

(Example):

$\frac{a}{3} = \frac{b}{4} = \frac{c}{5}$ (and) $3a + c = 42 \Rightarrow b =?$

(*Solution*):

$\frac{a}{3} = \frac{b}{4} = \frac{c}{5} = k \Rightarrow \begin{cases} a = 3k \\ b = 4k \\ c = 5k \end{cases}$

$3a + c = 42$

$3.3k + 5k = 42 \Rightarrow 14k = 42 \Rightarrow k = 3$

$b = 4k \Rightarrow b = 4.3 = 12$

(Example):

$\frac{a}{b} = \frac{b}{3} = \frac{c}{5}$ (and) $3a + 2b - 4c = -24 \Rightarrow a =?$

(*Solution*):

$$\frac{a}{2} = \frac{b}{3} = \frac{c}{5} = k \Rightarrow \begin{cases} a = 2k \\ b = 3k \\ c = 5k \end{cases}$$

$3a + 2b - 4c = -24 \Rightarrow 3.2k + 2.3k - 4.5k = -24$

$\Rightarrow 6k + 6k - 20k = -24$

$\Rightarrow -8k = -24 \Rightarrow k = 3$

$\Rightarrow a = 2.3 = 6$

(Example):

$$\left. \begin{array}{l} \frac{a-1}{3} = \frac{b+2}{4} = \frac{c-2}{5} \\ 5a - 2c = 36 \end{array} \right\} \Rightarrow b = ?$$

(*Solution*):

$$\frac{a-1}{3} = \frac{b+2}{4} = \frac{c-2}{5} = k \Rightarrow \begin{cases} a = 3k + 1 \\ b = 4k - 2 \\ c = 5k + 2 \end{cases}$$

$5a - 2c = 36 \Rightarrow 5(3k + 1) - 2(5k + 2) = 36$

$15k + 5 - 10k - 4 = 36$

$5k + 1 = 36$

$5k = 35$

$k = 7$

$b = 4k - 2 = 4.7 - 2 = 28 - 2 = 26$

4. $\dfrac{a}{b} = \dfrac{c}{d} \Rightarrow \dfrac{m.a+n.b}{t.a+l.b} = \dfrac{m.c+n.d}{t.c+l.d}$

(Example):

$$\left. \begin{array}{l} \frac{a}{x} = \frac{b}{y} = \frac{c}{z} = \frac{1}{3} \\ a - 2b + 3c = 2 \\ 2y - 3z = 1 \end{array} \right\} \Rightarrow x = ?$$

(**Solution**):

$$\frac{a}{x} = \frac{-2.b}{-2.y} = \frac{3.c}{3.z} = \frac{1}{3}$$

$$\frac{a-2.b+3.c}{x-2.y+3.z} = \frac{1}{3} \Rightarrow \frac{2}{x-(-1)} = \frac{1}{3}$$

$$\Rightarrow 6 = x + 1$$

$$\Rightarrow x = 5$$

5. (*If a and b are directly proportional*)

$$\frac{a}{b} = k$$

(*If a and b are inversely proportional to each other*)

$$a.b = k$$

(**Example**):

$$\left.\begin{array}{l} a.x = b.y = c.z = \frac{2}{3} \\ x + y + z = 18 \end{array}\right\} \Rightarrow \frac{1}{a} + \frac{1}{b} + \frac{1}{c} = ?$$

(**Solution**):

$$a.x = b.y = c.z = \frac{2}{3}$$

$$\frac{x}{\frac{1}{a}} = \frac{y}{\frac{1}{b}} = \frac{z}{\frac{1}{c}} = \frac{2}{3} \Rightarrow \frac{x+y+z}{\frac{1}{a}+\frac{1}{b}+\frac{1}{c}} = \frac{2}{3}$$

$$\frac{1}{a} + \frac{1}{b} + \frac{1}{c} = \frac{3}{2}.18 = 27$$

(***Example***):

$$\frac{x}{3} = \frac{y}{4} = \frac{z}{7} = \frac{4x-5y+kz}{13} \Rightarrow k = ?$$

(**Solution**):

$$\frac{4x}{3.4} = \frac{-5y}{-5.4} = \frac{zk}{7k} = \frac{4x-5y+kz}{13}$$

$$\frac{4x-5y+zk}{12-20+7k} = \frac{4x-5y+kz}{13}$$

$7k - 8 = 13$

$7k = 21$

$k = 3$

(Example):

$a.b \epsilon R^+$

$\frac{a+b}{6} = \frac{2a-b}{9} = \frac{a.b}{45} \Rightarrow b = ?$

(*Solution*):

$\frac{a+b+2a-b}{6+9} = \frac{a.b}{45}$

$\frac{3a}{15} = \frac{a.b}{45} \Rightarrow b = 9$

TEST WITH SOUTIONS

1. $\frac{a}{b} = \frac{2}{3}$, $2a + b = 84 \Rightarrow b = ?$
   A) 14   B) 28   C) 27   D) 30   E) 36

   (Solution):
   $\frac{a}{b} = \frac{2}{3} \Rightarrow \frac{a}{2} = \frac{b}{3} = k \Rightarrow a = 2k$
   $b = 3k$
   $2a + b = 2.2k + 3k = 7k = 84 \Rightarrow k = 12$
   $b = 3k = 3.12 = 36$

2. $\frac{a}{b} = \frac{b}{3} = \frac{c}{4}$, $3a - b + 2c = 66 \Rightarrow b = ?$
   A) 12   B) 18   C) 22   D) 33   E) 44

   (Solution):
   $\frac{a}{2} = \frac{b}{3} = \frac{c}{4} = k \Rightarrow a = 2k, b = 3k, c = 4k$
   $3a - b - 2c = 3.2k - 3k + 2.4k$
   $= 6 - 3k + 8k$
   $11k = 66$
   $k = 6$
   $b = 3k \Rightarrow b = 3.6 = 18$

3. $\frac{a}{b} = \frac{3}{4} \Rightarrow \frac{a+b}{a} = ?$
   A) $\frac{7}{3}$ B) $\frac{7}{4}$ C) $\frac{14}{3}$ D) $\frac{3}{4}$ E) $\frac{3}{7}$

   (Solution):
   $\frac{a}{b} = \frac{3}{4} \Rightarrow 4a = 3b \Rightarrow b = \frac{4a}{3}$
   $\frac{a+b}{a} = \frac{a + \frac{4a}{3}}{a} = \frac{7a}{3} \cdot \frac{1}{a} = \frac{7}{3}$

4. $\frac{x}{y} = \frac{2}{3} \Rightarrow \frac{3x - 4y}{x - y} = ?$
   A) -6 B) $-\frac{1}{5}$ C) $\frac{5}{6}$ D) 1   E) 6

58

(Solution):
$\frac{x}{y} = \frac{2}{3} \Rightarrow 3x = 2y$

$x = \frac{2y}{3}$

$\frac{3x-4y}{x-y} = \frac{3 \cdot \frac{2y}{3} - 4y}{\frac{2y}{3} - y} = \frac{-2y}{\frac{-y}{3}}$

$= 6$

5. $a:b:c = 2:3:4$
$3a + 4b - c = -28 \Rightarrow b = ?$
A) 6   B) 5   C) 4   D) -4 E) -6

(Solution):
$a:b:c = 2:3:4$

$\frac{a}{2} = \frac{b}{3} = \frac{c}{4} = k \Rightarrow a = 2k, b = 3k, c = 4k$

$3a + 4b - c = 3 \cdot 2k + 4 \cdot 3k - 4k$

$= 6k + 12k - 4k$

$14k = -28$

$k = -2$

$b = 3 \cdot (-2) = -6$

6. $a, b, c \in R$

$\frac{a}{b} = \frac{b}{c} = \frac{c}{d} = 2 \Rightarrow \frac{a}{d} = ?$

A) 2   B) 4   C) 6   D) 8   E) 16

(Solution):
$\frac{a}{b} = \frac{b}{c} = \frac{c}{d} = 2$

$\frac{a}{b} = 2 \Rightarrow a = 2b$

$\frac{b}{c} = 2 \Rightarrow c = \frac{b}{2}$

$\frac{c}{d} = \frac{\frac{b}{2}}{d} = \frac{b}{2d} = 2 \Rightarrow b = 4d \Rightarrow d = \frac{b}{4}$

$\frac{a}{d} = \frac{2b}{\frac{b}{4}} = 8$

7. $\frac{a}{b} = \frac{2}{5}, \frac{b}{4} = c, a + b = 21 \Rightarrow c = ?$

A) $\frac{13}{5}$ B) $\frac{15}{4}$ C) 6   D) 28   E) 60

(Solution):

$\frac{a}{b} = \frac{2}{5} \Rightarrow 5a = 2b \Rightarrow a = \frac{2b}{5}$

$a + b = \frac{2b}{5} + b = 21$

$\frac{7b}{5} = 21 \Rightarrow b = 15$

$\frac{b}{4} = c \Rightarrow \frac{15}{4} = c$

8. $\frac{a}{-2} = \frac{b}{3} = 3, a + b + c = 1 \Rightarrow c = ?$

A) 2   B) 1   C) -2 D) -1 E) -4

(Solution):

$$\frac{a}{-2} = \frac{b}{3} = 3 \Rightarrow a = -6, \Rightarrow b = 9$$

$a + b + c = 1 \Rightarrow -6 + 9 + c = 1$

$c = -2$

9. $\frac{1}{3a} = \frac{1}{4b} = \frac{1}{6c}, a + b + c = 27 \Rightarrow a - c = ?$

A) 3   B) 4   C) 6   D) 8   E) 12

(**Solution**):

$\frac{1}{3a} = \frac{1}{4b} = \frac{1}{6c} = k$

$3a = \frac{1}{k} \Rightarrow a = \frac{1}{3k}$

$4b = \frac{1}{k} \Rightarrow b = \frac{1}{4k}$

$6c = \frac{1}{k} \Rightarrow c = \frac{1}{6k}$

$a + b + c = \frac{1}{3k} + \frac{1}{4k} + \frac{1}{6k} = 27$

$\frac{9}{12} = 27 \Rightarrow k = \frac{1}{36}$

$$\begin{pmatrix} a=\frac{1}{3\cdot\frac{1}{36}} \Rightarrow a=12 \\ c=\frac{1}{6\cdot\frac{1}{36}} \Rightarrow c=6 \end{pmatrix} \Rightarrow a-c = 12-6 = 6$$

10. $\frac{a}{2} = \frac{b}{3} = \frac{c}{4}, 2a - 3b + c = 5 \Rightarrow a = ?$

A) -15 B) -10 C) 5 D) 10 E) 15

(**Solution**):
$\frac{a}{2} = \frac{b}{3} = \frac{c}{4} = k$
$a = 2k, b = 3k, c = 4k$
$2a - 3b + c = 2.2k - 3.3k + 4k = 5$
$4k - 9k + 4k = 5$
$-k = 5 \Rightarrow k = -5$
$a = 2k = 2.(-5) = -10$

11. $\frac{x}{x+y} = 3 \Rightarrow \frac{x+y}{y} = ?$

A) $-\frac{1}{2}$ B) $-\frac{1}{4}$ C) 0 D) $\frac{1}{4}$ E) $\frac{1}{2}$

(**Solution**):
$\frac{x}{x+y} = 3 \Rightarrow x = 3x + 3y$
$x = \frac{-3y}{2}$
$\frac{x+y}{y} = \frac{\frac{-3y}{2}+y}{y} = \frac{-\frac{y}{2}}{y}$
$-\frac{1}{2}$

$a, b, c \in z^+$

12. $\frac{a}{\frac{3}{5}} = \frac{b}{\frac{5}{8}} = \frac{c}{\frac{2}{3}} \Rightarrow ? < ? < ?$

A) $a < b < c$ B) $a < c < b$ C) $b < a < c$
D) $c < b < a$ E) $c < a < b$

(**Solution**):
$\frac{a}{\frac{3}{5}} = \frac{b}{\frac{5}{8}} = \frac{c}{\frac{2}{3}} = k$

$$a = \frac{3}{5}k = \frac{72}{120}k$$
$$b = \frac{5}{8}k = \frac{75}{120}k \Biggr\} \Rightarrow a < b < c$$
$$c = \frac{2}{3}k = \frac{80}{120}k$$

13. $a, b, c \in Z^-$

$$\frac{a}{0{,}1} = \frac{b}{0{,}3} = \frac{c}{2} \Rightarrow\ ? > ? > ?$$

A) $a > b > c$ B) $a > c > b$ C) $c > b > a$
D) $b > c > a$ E) $c > a > b$

(**Solution**):
$$\frac{a}{0{,}1} = \frac{b}{0{,}3} = \frac{c}{2} = k$$
$$\left. \begin{array}{l} a = 0{,}1k \\ b = 0{,}3k \\ c = 2k \end{array} \right\} k = -10 \Rightarrow a = -1, b = -3, c = -20$$
$$\Rightarrow a > b > c$$

14. $\frac{a}{3} = \frac{b}{4} = \frac{c}{5} \Rightarrow \left(\frac{a+2b+c}{a-b+c}\right) = ?$

A) 3   B) 4   C) 6   D) 8   E) 9

(**Solution**):
$$\frac{a}{3} = \frac{b}{4} = \frac{c}{5} = k$$
$$a = 3k, b = 4k, c = 5k$$
$$\frac{a+2b+c}{a-b+c} = \frac{3k+2.4k+5}{3k-4k+5k} = \frac{16k}{4k} = 4$$

15. $\frac{a}{b} = \frac{c}{d} = 4 \Rightarrow \left(\frac{a-2b}{b}\right) \cdot \left(\frac{c}{c+2d}\right) = ?$

A) $\frac{3}{4}$ B) 8   C) $\frac{4}{3}$ D) 3   E) $\frac{5}{2}$

(**Solution**):
$$\frac{a}{b} = \frac{c}{d} = 4$$
$$\frac{a}{b} = 4 \Rightarrow a = 4b$$
$$\frac{c}{d} = 4 \Rightarrow c = 4d$$
$$\left(\frac{a-2b}{b}\right) \cdot \left(\frac{c}{c+2d}\right) = \left(\frac{4b-2b}{b}\right) \cdot \left(\frac{4d}{4d+2d}\right)$$
$$= 2 \cdot \frac{4}{6} = \frac{4}{3}$$

$$\left.\begin{array}{l}a+b=2\\b+c=\dfrac{5}{4}\\a+c=\dfrac{9}{4}\end{array}\right\} \Rightarrow \dfrac{c}{a}=?$$

A) $\dfrac{3}{2}$ B) $\dfrac{4}{3}$ C) $\dfrac{5}{2}$ D) $\dfrac{2}{3}$ E) $\dfrac{1}{2}$

(**Solution**):

$$\begin{array}{ll} a+b=2 & a-c=\dfrac{3}{4}\\ -\quad b+c=\dfrac{5}{4} & +\quad a+c=\dfrac{9}{4}\\ \cdots\cdots\cdots\cdots & \cdots\cdots\cdots\cdots\\ a-c=\dfrac{3}{4} & 2a=\dfrac{12}{4}=3 \end{array}$$

$a=\dfrac{3}{2} \Rightarrow c=\dfrac{3}{4} \Rightarrow \dfrac{c}{a}=\dfrac{\frac{3}{4}}{\frac{3}{2}}=\dfrac{2}{4}=\dfrac{1}{2}$

2. $\left.\begin{array}{l}a,b,c \in R^+\\a.b=3\\b.c=\dfrac{2}{3}\\a.c=\dfrac{4}{3}\end{array}\right\} \Rightarrow ?>?>?$

A) $a>b>c$ B) $a>c>b$ C) $b>a>c$
D) $b>c>a$ E) $c>a>b$

(**Solution**):

$$\frac{a.b}{b.c} = \frac{\frac{3}{2}}{\frac{2}{3}} = \frac{9}{2} \Rightarrow a > c$$
$$\frac{a.b}{a.c} = \frac{\frac{3}{4}}{\frac{4}{3}} = \frac{9}{4} \Rightarrow b > c \Bigg\} \Rightarrow a > b > c$$
$$\frac{b.c}{a.c} = \frac{\frac{2}{3}}{\frac{3}{4}} = \frac{1}{2} \Rightarrow a > b$$

3.
$$\begin{rcases} b > 0 \\ \frac{a}{b} = -\frac{4}{3} \\ a + b = c \end{rcases} \Rightarrow ? < ? < ?$$

A) $a < c < b$ B) $a < b < c$ C) $b < c < a$
D) $b < a < c$ E) $c < a < b$

(**Solution**):
$\frac{a}{b} = -\frac{4}{3}$
$\Rightarrow a = -4k, b = 3k, k \in R^+$
$\Rightarrow c = a + b = -k \Rightarrow a < c < b$

4.
$a < 0$
$$\frac{a.b}{1} = \frac{b.c}{-2} = \frac{c.a}{9} \Rightarrow ? < ? < ?$$

A) $c < a < b$ B) $c < b < a$ C) $b < a < c$
D) $a < c < b$ E) $a < b < c$

(**Solution**):
$$\frac{a.b}{1} = \frac{b.c}{-2} = \frac{c.9}{9} \Rightarrow \frac{a.b.c}{c} = \frac{a.b.c}{-2a} = \frac{a.b.c}{9b}$$
$\Rightarrow c = -2a = 96$
$\Rightarrow c = 18k$
$a = -9k$
$b = 2k$

$a < 0 \Rightarrow k \in R^+$
$\Rightarrow a < b < c$

5. $\frac{y}{b} = \frac{a}{b} \Rightarrow \frac{b-y}{b+y} = ?$

A) $\frac{a+x}{a-y}$ 	B) $\frac{-a-x}{a-x}$ 	C) $\frac{a-x}{a+x}$
D) $\frac{-a-x}{a+x}$ 	E) $\frac{a-x}{-a-x}$

(**Solution**):
$\frac{x}{y} = \frac{a}{b} \Rightarrow b = \frac{ay}{x}$

$\frac{b-y}{b+y} = \frac{\frac{ay}{x}-y}{\frac{ay}{x}+y} = \frac{ay-xy}{ay+x} = \frac{y(x-a)}{y(a+x)} = \frac{a-x}{a+x}$

6. $\left.\begin{array}{c}\frac{a}{2} = \frac{b}{-3} \\ a + b = 2\end{array}\right\} \Rightarrow a.b = ?$

A) − 24 	B) − 21 	C) − 18 	D) − 15 	E) − 12

(**Solution**):
$\frac{a}{2} = \frac{b}{-3} = k \Rightarrow a = 2k, b = -3k$
$a + b = 2k = -3k = -k = 2$
$k = -2$
$a = 2.(-2) = -4$
$b = -3.(-2) = 6$
$a.b = -24$

7. $0 < a, 0 < b, 0 < c$
$\frac{b}{a} = \frac{1}{3}$
$\frac{a}{c} = \frac{2}{3}$
$a + b + c = 34 \Rightarrow a = ?$

A)8 	B)10 	C)12 	D)14 	E)16

(**Solution**):
$\frac{a}{c} = \frac{1}{3} \Rightarrow a = 3b \Rightarrow b = \frac{a}{3}$
$\frac{a}{c} = \frac{2}{3} \Rightarrow 2c = 3a \Rightarrow c = \frac{3a}{2}$
$a + \frac{a}{3} + \frac{3a}{2} = 34$
$\frac{17a}{6} = 34 \Rightarrow a = 12$

8. $\left. \begin{array}{c} 0 < a, 0 < b \\ \frac{a}{4} = \frac{b}{3} \\ a^2 + b^2 = 100 \end{array} \right\} \Rightarrow a - b = ?$

A) 2   B) 3   C) -1 D) -3 E) -4

(**Solution**):
$0 < a, 0 < b$
$\frac{a}{4} = \frac{b}{3} = k$
$a = 4k, b = 3k$
$a^2 + b^2 = 100$
$16k^2 + 9k^2 = 100$
$25k^2 = 100$
$k^2 = 4$
$k = 2$
$a = 8, b = 6$
$a - b = 8 - 6 = 2$

9. $a > 0, b > 0, c > 0$
$a.b = \frac{1}{4}, \ a.c = \frac{1}{5}, \ b.c = \frac{2}{3}$
A) $a < b < c$ B) $a < c < b$ C) $b < a < c$
D) $b < c < a$ E) $c < a < b$

(**Solution**):

$a.b = \frac{1}{4}$ $a.c = \frac{1}{5}$ $b.c = \frac{2}{3}$
$\Rightarrow abc = \frac{c}{4} = \frac{b}{5} = \frac{2a}{3} = 2k$
$\Rightarrow c = 8k, b = 10k, a = 3k$
$\Rightarrow a < c < b$

10. $\frac{a}{4} = \frac{b}{5} = \frac{c}{7}$
$2a + 4b - 3c = 49 \Rightarrow b = ?$
A)14   B)21   C)28   D)35   E)42
(**Solution**):
$\frac{a}{4} = \frac{b}{5} = \frac{c}{7} = k$
$a = 4k, b = 5k, c = 7k \Rightarrow$
$2a + 4b - 3c = 2.4k + 4.5k - 3.7k$
$8k + 20k - 21k = 49$
$7k = 49$
$k = 7$
$b = 5k \Rightarrow b = 5.7$
$b = 35$

11. $k > 0$
   $x = 2k$
   $y = 3k$
   $z = 4k$
$x + y + z = 360 \Rightarrow z = ?$
A)180   B)160   C)120   D)80   E)60

(**Solution**):
$x = 2k$
$y = 3k$
$z = 4k$
$x + y + z = 2k + 3k + 4k = 360$
$9k = 360$
$k = 40$
$\Rightarrow z = 4k = 4.40 = 160$

12. $\frac{a}{b^2} = \frac{3}{16} \Rightarrow \frac{a+b}{b} = ?$

A) $\frac{3}{4}$ B) $\frac{5}{4}$ C) $\frac{7}{4}$ D) $\frac{4}{5}$ E) $\frac{4}{7}$

(**Solution**):
$\frac{a}{b^2} = \frac{3}{16} \Rightarrow a-3, b=4 \Rightarrow \frac{a+b}{b} = \frac{3+4}{4} = \frac{7}{4}$

13. $a, b, c \in R^+$
$\frac{3a+b}{b} = 2, \frac{b+2c}{c} = 4 \Rightarrow ? <? <?$

A) $a < c < b$ B) $a < b < c$ C) $b < a < c$
D) $b < c < a$ E) $c < a < b$

(**Solution**):
$3a + b = 2b \Rightarrow 3a = b, a < b$
$b + 2c = 4c \Rightarrow b = 2c, c < b$
$a < c$
$3a = 2c$
$\Rightarrow a < c < b$

14. $A, B, C \in Z^+$

$A + B + C = 380$

$\frac{A}{B} = \frac{B}{C} = \frac{2}{3} \Rightarrow C - B = ?$

A)50 B)60 C)70 D)80 E)90

(**Solution**):
$\frac{A}{B} = \frac{2}{3} \Rightarrow 3A = 2B \Rightarrow A = \frac{2B}{3}$

$\frac{B}{C} = \frac{2}{3} \Rightarrow 2C = 3B \Rightarrow C = \frac{2B}{2}$

$A + B + C = \frac{2B}{3} + B + \frac{3B}{2} = 380$

$\frac{19B}{6} = 380 \Rightarrow B = 120$

$C = \frac{3.120}{2} = 180$

$C - B = 180 - 120$

$= 60$

15. $\frac{a}{b} = \frac{c}{d} = 3 \Rightarrow \frac{\left(\frac{a+b}{b}\right).\left(\frac{c+d}{c}\right)}{\frac{a-b}{a}} = ?$

A) $\frac{8}{3}$ B) $\frac{4}{3}$ C) 16 D) 12 E) 8

(Solution):

$a = 3b, c = 3d$

$\frac{\left(\frac{a+b}{b}\right).\left(\frac{c+d}{c}\right)}{\frac{a-b}{a}} = \frac{\frac{4b}{b} . \frac{4d}{3d}}{\frac{2b}{3b}}$

$\frac{16}{3} . \frac{3}{2}$

$= 8$

16. $\frac{x}{y} = \frac{y}{6} = \frac{7}{8} = k$

$x + y + z = 1900 \Rightarrow y = ?$

A) 900 B) 800 C) 700 D) 600 E) 500

(Solution):

$\frac{x}{5} = \frac{y}{6} = \frac{z}{8} = k$

$\Rightarrow x = 5k, y = 6k, z = 8k$

$x + y + z = 1900$

$19k = 1900$

$k = 100$

$\Rightarrow y = 6k = 600$

17. $a + b + c = 80$

$\dfrac{a}{2} = \dfrac{b}{3} = \dfrac{c}{5} \Rightarrow b + a - c = ?$

A) -6 B) -4 C) 0 D) 6 E) 12

(**Solution**):

$\dfrac{a}{2} = \dfrac{b}{3} = \dfrac{c}{5} = k \Rightarrow a = 2k, b = 3k, c = 5k$

$a + b + c = 80 \Rightarrow 2k + 3k + 5k = 80$

$10k = 80$

$k = 8$

$b + a - c = 3k + 2k - 5k = 0$

18. $\left.\begin{array}{l} a < 0 \\ a = 2b \\ b = \dfrac{c}{3} \end{array}\right\} \Rightarrow ? < ? < ?$

A) $a < b < c$ B) $a < c < b$ C) $b < a < c$

D) $c < a < b$ E) $c < b < c$

(**Solution**):

$a = 2b = \dfrac{3}{2}c \Rightarrow 3a = 6b = 2c = 6k$

$\Rightarrow a = 2k \quad b = k \quad c = 3k \quad (K \in R^-)$

$\Rightarrow c < a < b$

19. $\left.\begin{array}{l} a.b = \dfrac{12}{35} \\ b.c = \dfrac{28}{45} \\ a.c = \dfrac{1}{3} \end{array}\right\} \Rightarrow |a| = ?$

A) $\dfrac{7}{9}$ B) $\dfrac{3}{5}$ C) $\dfrac{5}{4}$ D) $\dfrac{1}{7}$ E) $\dfrac{3}{7}$

(**Solution**):

$\dfrac{a.b}{b.c} = \dfrac{\frac{12}{35}}{\frac{28}{45}} = \dfrac{12.45}{35.28} \Rightarrow c = \dfrac{49}{27}a$

$a.c = \dfrac{1}{3} \Rightarrow \dfrac{49}{27}a^2 = \dfrac{1}{3} \Rightarrow |a| = \dfrac{3}{7}$

TEST 1

1. $\frac{a}{2} = \frac{b}{3}, a+b = 40 \Rightarrow b-a = ?$

   A) 5 B) 6 C) 7 D) 8 E) 9

2. $\frac{a}{2} = \frac{b}{4} = \frac{c}{5}$
   $2a + 4b + c = 125 \Rightarrow 2a + b - c = ?$
   A) 8 B) −9 C) 5 D) 7 E) 15

3. $a:b:c = 2:3:4$
   $\sqrt{a+b+c} = 9 \Rightarrow \sqrt{a.b} = ?$
   A) $2\sqrt{3}$ B) 4 C) $9\sqrt{6}$ D) 21 E) 27

4. $a + \frac{1}{b} = \frac{2}{b} \Rightarrow \sqrt{a.b} = ?$
   A) 0 B) 1 C) 3 D) 3 E) 4

5. $\frac{a}{b} = \frac{5}{2} \Rightarrow \frac{5a+2b}{a+b} = ?$
   A) $\frac{5}{3}$ B) $\frac{11}{2}$ C) $\frac{29}{7}$ D) $\frac{8}{3}$ E) $\frac{2}{5}$

6. $3a = 4b = 5c,$
   $\frac{1}{a} + \frac{1}{b} + \frac{1}{c} = \frac{2}{3} \Rightarrow \frac{a}{5} + \frac{b}{3} + c = ?$
   A) $\frac{21}{2}$ B) $\frac{35}{8}$ C) $\frac{3}{10}$ D) $\frac{3}{10}$ E) $\frac{63}{10}$

7. $\frac{3}{x} = \frac{4}{y} = \frac{5}{z}$
   $x + 2y - z = 3 \Rightarrow z - x = ?$
   A) −2 B) 0 C) 1 D) 2 E) 3

8. $a, b, c \in R^+$
$\frac{1}{a} = \frac{2}{b} = \frac{4}{c}$
$b^2 + a \cdot c = 32 \Rightarrow c - b = ?$

A) $\frac{1}{2}$ B) $\frac{3}{5}$ C) $\frac{3}{2}$ D) 4 E) 6

9. $ax = by = cz$,
$a : b : c = 2 : 3 : 4$,
$x + y = 25 \Rightarrow y = ?$

A) 9 B) 10 C) 30 D) 40 E) 45

10. $ax = by - cz = 18$,
$\frac{1}{x} + \frac{1}{y} + \frac{1}{z} = 2 \Rightarrow a + b + c = ?$

A) 11 B) 18 C) 22 D) 36 E) 40

11. $\frac{a}{x} = \frac{b}{y} = \frac{c}{z} = \frac{2}{3}$,
$3a + b - 2c = 2x \Rightarrow \frac{3y}{16z} = ?$

A) $\frac{1}{3}$ B) $\frac{2}{5}$ C) $\frac{3}{8}$ D) $\frac{8}{13}$ E) $\frac{3}{2}$

12. $\frac{2x+3y}{11} = \frac{2y+x}{15} = \frac{z}{4}$
$y + x = 12 \Rightarrow z = ?$

A) -12
  3   B) $-$
       C) 11 D) 15 E) 21

13. $a : b : c := 2 : 4 : 5$,
$\frac{a^2 + b^2 + c^2}{a + b + c} = 135 \Rightarrow a = ?$

A) 66 B) 110 C) 220 D) 270 E) 275

14. $x, y, z \in R^+$

$$\frac{x}{3} = \frac{y}{8} = \frac{z}{12},$$
$y^2 + x.z = 100 \Rightarrow z - y = ?$
A) x B) $\frac{x}{y}$ C) $x+1$ D) $z-2$ E) $2y$

15. $x + \frac{2}{y} = 3, \quad y + \frac{2}{x} = 5, \quad \frac{y}{z} = \frac{1}{3} \Rightarrow \frac{2x}{z} = ?$
A) $\frac{1}{3}$ B) $\frac{3}{2}$ C) $\frac{2}{5}$ D) $\frac{8}{3}$ E) $\frac{7}{2}$

16. $x, y \in R^+$
$\frac{x}{3} = \frac{2}{y}, \quad \frac{x+y}{x-y} = 3 \Rightarrow y = ?$
A) $2\sqrt{2}$ B) 3 C) $\sqrt{3}$ D) 6 E) 9

17. $\frac{a}{2} = \frac{b}{3} = \frac{c}{4} \Rightarrow \frac{c.b}{(2a+3b).c} = ?$
A) $\frac{1}{3}$ B) $\frac{3}{13}$ C) $\frac{12}{9}$ D) $\frac{9}{4}$ E) 5

18. $\frac{ab}{2} = \frac{bc}{3} = \frac{ac}{7} \Rightarrow \frac{6a-2c}{3a} = ?$
A) 0 B) 1 C) 2 D) 3 E) 4

19. $\frac{x}{y} = \frac{2}{5},$
$x + y = 35 \Rightarrow y = ?$
A) 10 B) 15 C) 20 D) 25 E) 30

20. $a, b \in R^+$
$\frac{2a}{3b} = \frac{4}{7}, \quad \frac{a}{14} = \frac{12}{b} \Rightarrow b = ?$
A) 12 B) 14 C) 18 D) 24 E) 28

Answers						
1.D	2.E	3.C	4.B	5.C	6.D
7.C	8.D	9.B	10.D	11.C	12.A
13.A	14.C	15.C	16.C	17.B	18.B
19.D	20.B				

TEST 2

1. $\frac{a}{b} = \frac{7}{3} \Rightarrow \frac{a}{a+b} = ?$

A) $\frac{1}{3}$ B) $\frac{4}{3}$ C) $\frac{3}{4}$ D) $\frac{3}{10}$ E) $\frac{7}{10}$

2. $\frac{a}{b} = \frac{2}{5}, b^2 - a^2 = 84 \Rightarrow a.b = ?$

A) 10   B) 15   C) 20   D) 40   E) 42

3. $\frac{2x-3}{5} = \frac{x}{3} \Rightarrow x = ?$

A) 6   B) 7   C) 8   D) 9   E) 12

4. $\frac{a}{x} = \frac{b}{y} = \frac{c}{z} = \frac{4}{9} \Rightarrow \frac{x+y+z}{a+b+c} = ?$

A) $\frac{8}{27}$ B) $\frac{2}{3}$ C) $\frac{9}{4}$ D) $\frac{14}{9}$ E) $\frac{4}{3}$

5. $\frac{x}{y} = k$,

$x = 18 \Rightarrow y = 2$,

$y = 6 \Rightarrow x = ?$

A) 54   B) 162   C) 172   D) 180   E) 196

6. $3ab = 5ac = 6bc \Rightarrow a:b:c = ?$

A) 3: 5: 6   B) 4: 6: 7   C) 3: 10: 12

D) 6: 5: 3   E) 3: 2: 5

7. $\frac{a}{b} = \frac{c}{d} = \frac{2}{5} \Rightarrow \left(\frac{a+c}{c}\right) \cdot \left(\frac{c}{d+b}\right) = ?$

A) $\frac{5}{8}$ B) $\frac{2}{5}$ C) $\frac{16}{7}$ D) $\frac{3}{7}$ E) $\frac{7}{3}$

8. $\frac{a}{b} = \frac{c}{d} = \frac{d}{e} = \frac{4}{5} \Rightarrow \frac{b:c:d}{a:d:e} = ?$

A) $\frac{4}{5}$ B) $\frac{5}{6}$ C) $\frac{64}{25}$ D) $\frac{3}{7}$ E) $\frac{7}{3}$

9. $\frac{x+y}{y} = \frac{5}{2} \Rightarrow \frac{3x-y}{x+2y} = ?$

A) 1   B) 4   C) $\frac{3}{5}$ D) $\frac{5}{7}$ E) $\frac{11}{9}$

10. $\frac{a}{b} = \frac{3}{5}, \frac{b}{c} = \frac{5}{6} \Rightarrow \frac{c}{a} = ?$

A) $\frac{1}{2}$ B) 2   C) $\frac{15}{4}$ D) 5   E) $\frac{5}{2}$

11. $6: b: c = a: 4: 2, 2b - 3c = 12 \Rightarrow a = ?$

A) 1   B) 2   C) 4   D) 5   E) 6

12. $a: b: c: d = 3: 4: 5: 6 \Rightarrow \frac{3a-b}{c+2d} = ?$

A) $\frac{11}{7}$ B) $\frac{13}{9}$ C) $\frac{5}{17}$ D) $\frac{14}{5}$ E) $\frac{17}{3}$

13. $x, y, z \in N^+, \dfrac{x}{y} = \dfrac{4}{5}, \dfrac{y}{z} = \dfrac{3}{5} \Rightarrow (x + y + z)_{min} = ?$

A)34 B)42 C)48 D)51 E)52

$a, b, c \in Z^+, \dfrac{a}{6} = \dfrac{b}{5}, \dfrac{b}{c} = \dfrac{4}{3} \Rightarrow ? <? <?$

A) $a < b < c$ B) $b < c < a$ C) $b < a < c$

D) $a < c < b$ E) $c < b < a$

15. $\dfrac{a}{b} = \dfrac{3x+y}{y-3x} \Rightarrow \dfrac{a+b}{a-b} = ?$

A)1 B) $\dfrac{x}{y}$ C) $\dfrac{y}{3x}$ D) $\dfrac{x+y}{x-y}$ E)2

16. $\dfrac{2}{3a-c} = \dfrac{5}{3b-a} = \dfrac{7}{3c-b} = \dfrac{7}{9} \Rightarrow a + b + c = ?$

A)6 B)7 C)8 D)9 E)10

17. $\dfrac{a}{c} = \dfrac{c}{d}$, $a.d.b - b^2.c + 2.a - 6 = 0 \Rightarrow a = ?$

A)2 B)3 C)4 D)8 E)12

18. $\dfrac{a}{4} = \dfrac{6}{b} = \dfrac{7}{c}, a + 2b - c = 9 \Rightarrow b = ?$

A)6 B)8 C)12 D)15 E)18

19. $\dfrac{x}{a} = \dfrac{y}{b} = \dfrac{z}{c}, \dfrac{x}{2} = \dfrac{y}{3} = \dfrac{z}{5} \Rightarrow \dfrac{a+c}{b+c} = ?$

A) $\frac{3}{8}$ B) $\frac{4}{3}$ C) $\frac{5}{7}$ D) $\frac{7}{8}$ E) $\frac{8}{9}$

20. $\left.\begin{array}{l}\frac{x}{a}=\frac{y}{b}=\frac{z}{c}=\frac{4}{3}\\ x-y+2z=12\\ a-b=2\end{array}\right\} \Rightarrow c=?$

A)3   B)4   C)5   D)6   E)7

21. $\frac{x}{a}=\frac{y}{b}=\frac{z}{c}=\frac{15}{11}$, $3a-c=7$

$3x+y-z=10 \Rightarrow b=?$

A)6   B)7   C)11   D)14   E)15

22. $x:y:18 = 3:4:6 \Rightarrow x^2 - y^2 =?$

A) -63 B) -42 C) -4 D)8   E)21

23. $3:a:b = a:12:20 \Rightarrow b=?$

A)10   B)12   C)15   D)30   E)40

24. $a = \frac{k}{b^3}$, $a=24 \Rightarrow b=\frac{1}{2}$, $b=2 \Rightarrow a=?$

A)8   B)4   C)$\frac{3}{8}$ D)$\frac{5}{12}$ E)$\frac{1}{24}$

25. $\frac{a}{b}=\frac{c}{10}=\frac{d}{14}$, $a=\frac{c+d}{2} \Rightarrow b=?$

A)12   B)10   C)8   D)7   E)6

Answers					
1.E	2.D	3.D	4.C	5.A	6.D
7.B	8.A	9.A	10.B	11.A	12.C
13.E	14.E	15.C	16.D	17.B	18.A
19.D	20.E	21.E	22.A	23.A	24.C
25.A					

TEST 3

1. $\dfrac{x+y}{y} = 4 \Rightarrow \dfrac{x}{x+y} = ?$

   A) $\dfrac{3}{4}$ B) $\dfrac{4}{3}$ C) $\dfrac{4}{5}$ D) $\dfrac{5}{4}$ E) 3

2. $a \in N, \ 4:5 = a^2 : 20 \Rightarrow a = ?$

   A) 1   B) 2   C) 3   D) 4   E) 5

3. $\dfrac{x}{7} = \dfrac{y}{4}, \ x - y = 12 \Rightarrow x + y = ?$

   A) 24   B) 34   C) 44   D) 54   E) 64

4. $\dfrac{a}{b} = \dfrac{2}{5}, \dfrac{b}{c} = \dfrac{5}{8}, a + c = 40 \Rightarrow b = ?$

   A) 8   B) 16   C) 20   D) 24   E) 32

5. $\dfrac{x}{y} = \dfrac{2}{5}, \dfrac{y}{z} = \dfrac{4}{5} \Rightarrow x = \%?.z$

   A) 80   B) 75   C) 60   D) 45   E) 32

6. $\dfrac{a}{b} = \dfrac{b}{c} = \dfrac{c}{d}, \ ac - bd = 18, b + c = 9 \Rightarrow$
   $b - c = ?$

   A) 1   B) 2   C) 3   D) -2 E) -1

7. $a, b, c \in R^+$

$\frac{a}{0.3} = \frac{b}{0.7} = \frac{c}{0.11} \Rightarrow ? < ? < ?$

A) $a < b < c$ B) $c < a < b$ C) $a < c < b$ D) $b < a < c$ D) $b < c < a$

8. $\frac{2a+5}{b+1} = k$, $a = 5 \Rightarrow b = 4$, $a = 2 \Rightarrow b =?$

A) 4 B) 3 C) 2 D) 1 E) $\frac{1}{2}$

9. $\widehat{A} + \widehat{B} + \widehat{C} = 180°$, $\frac{\widehat{A}}{3} = \frac{\widehat{B}}{7} = \frac{\widehat{C}}{10} \Rightarrow \widehat{C} =?$

A) 90° B) 27° C) 63° D) 60° E) 30°

10. $10:8:x = 5:y:3 \Rightarrow (x+y)^2 =?$

A) 10 B) 20 C) 63 D) 80 E) 100

11. $\frac{x}{3} = \frac{y}{4} = \frac{z}{5} \Rightarrow \frac{2x+3y}{4y-2z} =?$

A) 5 B) 4 C) 3 D) 2 E) 1

12. $a^2 + \frac{1}{b^2} = 49$, $b^2 + \frac{1}{a^2} = 25 \Rightarrow \frac{a-b}{a+b} =?$

A) 1 B) $\frac{1}{3}$ C) $\frac{1}{4}$ D) $\frac{1}{5}$ E) $\frac{1}{6}$

13. $\frac{a}{3} = \frac{b}{5} = k \Rightarrow \sqrt{3a} + \sqrt{5b} =?$

A) $8k$ B) $3k$ C) $5k$ D) $8\sqrt{k}$ E) $3\sqrt{k}$

14. $\frac{a+2b}{5} = a - b \Rightarrow \frac{a}{b} = ?$

A) 1   B) 2   C) 3   D) 4   E) 5

15. $ax = by = cz = 20, \frac{1}{a} + \frac{1}{b} + \frac{1}{c} = \frac{3}{4} \Rightarrow x + y + z = ?$

A) 15   B) 10   C) 15   D) 20   E) 25

16. $\frac{a}{b} = \frac{c}{d} = \frac{e}{f} = \frac{2}{3}$, $2a + c + e = 20$

$d + f = 8, \Rightarrow b = ?$

A) 13   B) 12   C) 11   D) 10   E) 9

17. $a + b + c = 35$, $ax = by = cz = 7 \Rightarrow$

$\frac{1}{x} + \frac{1}{y} + \frac{1}{z} = ?$

A) 15   B) 10   C) 5   D) 2   E) 1

18. $\frac{a}{2} = \frac{b}{4} = \frac{c}{3}$, $3a - 2b + c = 3 \Rightarrow c = ?$

A) 18   B) 15   C) 12   D) 9   E) 6

19. $\frac{3x-5}{2} = \frac{2x+5}{3} \Rightarrow x = ?$

A) 1   B) 2   C) 3   D) 4   E) 5

20. $a:b:c = 3:4:5 \Rightarrow \left(\frac{a+b}{b}\right) \cdot \left(\frac{b+c}{c}\right) = ?$

A) 3   B) $\frac{63}{20}$ C) 15   D) $\frac{9}{5}$ E) $\frac{16}{5}$

21. $\frac{a}{b} = \frac{3}{5}$, $a + b = 128 \Rightarrow b - a = ?$

A) 24   B) 32   C) 40   D) 43   E) 80

22. $\frac{a}{b} = \frac{c}{a} \Rightarrow \frac{a^2 - b^2}{b - c} = ?$

A) a B) b C) $a + b$ D) $a - b$ E) $-b$

23. $a, b, c \in z^+$

$\frac{2}{3a} = \frac{3}{4b} = \frac{5}{6c} \Rightarrow (a + b + c)_{min} = ?$

A) 17   B) 27   C) 37   D) 47   E) 57

24. $x, y < 0, x^2 - 2xy - 35y^2 = 0 \Rightarrow \frac{x}{y} = ?$

A) 5   B) 7   C) 10   D) 12   E) 15

25. $\frac{x}{y} = \frac{2}{3}, \frac{y}{z} = \frac{3}{5}, x + y + z = 400 \Rightarrow y = ?$

A) 110   B) 120   C) 130   D) 140   E) 150

26. $\frac{x}{y} = \frac{3}{4}$, $2x - y = 8 \Rightarrow \sqrt{xy} = ?$

A) $\frac{\sqrt{12}}{5}$ B) $8\sqrt{3}$ C) $\frac{12\sqrt{3}}{5}$ D) $\frac{16\sqrt{3}}{5}$ E) $\frac{\sqrt{3}}{2}$

Answers					
1.A	2.D	3.C	4.C	5.E	6.B
7.B	8.C	9.A	10.E	11.C	12.E
13.D	14.C	15.C	16.C	17.C	18.D
19.E	20.B	21.B	22.E	23.B	24.B
25.B	26.B				

TEST 4

1. $\frac{x}{y} = \frac{y}{6} = \frac{z}{3}$, $x - 3y + 5z = 8 \Rightarrow z = ?$

   A) 4   B) 6   C) 8   D) 10   E) 12

2. $\frac{a}{b} = \frac{2}{4}$, $\frac{b}{c} = \frac{8}{10}$, $2a + b - 2c - 16 = 0 \Rightarrow b = ?$

   A) -6 B) -12 C) -24 D) -32 E) -48

3. $\frac{x}{y} = \frac{2}{3} \Rightarrow \frac{2x+y}{x+y} = ?$

   A) $\frac{12}{5}$ B) $\frac{7}{5}$ C) $\frac{25}{18}$ D) $\frac{9}{7}$ E) 5

4. $\frac{x.z}{y.t} = \frac{3}{4}$, $\frac{x-y}{y} = \frac{2}{3} \Rightarrow \frac{t}{z} = ?$

   A) $\frac{10}{11}$ B) $\frac{20}{9}$ C) $\frac{25}{18}$ D) $\frac{2}{3}$ E) $\frac{3}{5}$

5. $\frac{x}{y} = \frac{2}{3}$, $\frac{y}{z} = \frac{3}{4}$, $\frac{z}{t} = \frac{4}{3} \Rightarrow \frac{t-x}{z-y} = ?$

   A) 3   B) 2   C) 1   D) -1 E) 0

6. $\frac{a+b}{2b} = 3 \Rightarrow \frac{2a-b}{13b} = ?$

A) $\frac{12}{13}$ B) $\frac{11}{13}$ C) $\frac{10}{13}$ D) $\frac{9}{13}$ E) $\frac{8}{13}$

7. $\frac{a-3}{4} = \frac{b+4}{6} = \frac{c+6}{8}, 4a + 6b - 3c = 20 \Rightarrow a = ?$

A) 2 B) 3 C) 4 D) 5 E) 6

8. $\frac{1}{x} = \frac{1}{2y} = \frac{1}{3z}, z - y + z = 25 \Rightarrow y = ?$

A) 30 B) 20 C) 15 D) 12 E) 10

9. $\frac{x}{y} = \frac{z}{t} = \frac{3}{2} \Rightarrow \left(\frac{x+y}{x}\right)\left(\frac{z+t}{t}\right) = ?$

A) $\frac{3}{2}$ B) $\frac{25}{6}$ C) $\frac{5}{2}$ D) $\frac{25}{16}$ E) $\frac{16}{3}$

10. $\frac{x-2}{2} = \frac{y+1}{3} = \frac{z-1}{4}, x + y + z = 38 \Rightarrow z = ?$

A) 11 B) 13 C) 15 D) 17 E) 19

11. $\frac{3}{y} = \frac{4}{z} = \frac{8}{x} \Rightarrow \frac{2xz+xy}{11z^2} = ?$

A) $\frac{1}{2}$ B) $\frac{2}{3}$ C) $\frac{3}{4}$ D) $\frac{4}{5}$ E) $\frac{5}{6}$

12. $\frac{x+1}{2} = \frac{y-2}{3} = \frac{z+3}{4} \Rightarrow 3x - 2y + z = 12 \Rightarrow x = ?$

A) 6 B) 8 C) 10 D) 12 E) 16

13. $x:y:z = 11:9:7 \Rightarrow \frac{x-y-z}{x+y} = ?$

A) $-\frac{1}{2}$ B) $-\frac{1}{3}$ C) $-\frac{1}{4}$ D) $-\frac{1}{5}$ E) $-\frac{1}{6}$

14. $\frac{1}{4x} = \frac{1}{3y} = \frac{1}{2z}, x+y-z = \frac{5}{12} \Rightarrow x - y = ?$

A) $-\frac{5}{12}$ B) $-\frac{1}{3}$ C) $-\frac{1}{4}$ D) $\frac{2}{5}$ E) $\frac{3}{5}$

15. $\frac{x}{y} = \frac{z}{t} = \frac{m}{n} = a \Rightarrow \frac{xz-2zm+3xm}{yt-2tn+3yn} = ?$

A) $2a$ B) $3a^2$ C) a^3 D) a^2 E) a

16. $\frac{a+b}{2} = \frac{2a+3b}{3} = \frac{b-c}{5}, \ c+b = 14 \Rightarrow a+b = ?$

A) -4 B) -10 C) 8 D) 12 E) 24

17. $\frac{a}{xy} = \frac{b}{xz} = \frac{c}{yz}, a+b+c = \frac{2}{x}+\frac{2}{y}+\frac{2}{z} \Rightarrow a.z = ?$

A) 2 B) 3 C) 4 D) 5 E) 6

18. $3a = 2b = 5c \Rightarrow \frac{2a+3b}{5b-5c} = ?$

A) 6 B) 13 C) 15 D) $\frac{13}{5}$ E) $\frac{13}{3}$

19. $2x = 3y = 4z, \frac{1}{x} - \frac{1}{y} - \frac{1}{z} = 1 \Rightarrow x = ?$

A) $-\frac{2}{3}$ B) $-\frac{3}{4}$ C) $-\frac{5}{2}$ D) $-\frac{6}{7}$ E) $-\frac{4}{7}$

20. $\frac{1}{x}+\frac{1}{y}+\frac{1}{z}=\frac{3}{7}$, $xm = yn = zk = 21 \Rightarrow$

$m+n+k =?$

A)3 B)6 C)9 D)12 E)15

21. $\frac{x-y+z}{4} = \frac{x-y}{3} = \frac{x-z}{8} \Rightarrow x:y:z =?$

A)4:3:8 B)9:6:1 C)8:7:1 D)6:2:3 E)7:8:2

22. $\frac{x}{m} = \frac{y}{n} = \frac{z}{t} = \frac{1}{2}$, $x+3y-z = 15, m-t = 3 \Rightarrow n =?$

A)7 B)8 C)9 D)10 E)12

23. $\frac{a}{2} = \frac{b}{3} = \frac{c}{5}$, $2a+3b-c = 32 \Rightarrow b =?$

A)2 B)3 C)6 D)10 E)12

24. $\frac{x^2}{36} = \frac{y}{2} = \frac{xy}{12} = \frac{(x-y)^2}{a} \Rightarrow a =?$

A)5 B)8 C)12 D)16 E)20

Answers					
1.E	2.D	3.B	4.B	5.C	6.D
7.D	8.C	9.B	10.D	11.A	12.C
13.C	14.A	15.D	16.A	17.A	18.D
19.C	20.C	21.B	22.C	23.E	24.D

FACTORIZATION

(COMMON MULTIPLE FACTORIZATION)

$a.x \mp b.x \mp c.x \mp \cdots\ldots\ldots \mp y.x \mp z.x =$
$(a \mp b \mp c \mp \cdots \ldots \mp y \mp z).x$

(***Example***):
$a^2 + a.b = a.a + a.b = a.(a+b)$

(***Example***):
$a^2 - a.x + x = x.x - x.a + x.1 = x.(x - a + 1)$

(***Example***):
$3x^2.y^2.z - 6x.y^2.z^2 = 3.x.x.y^2.z - 3.2.x.y^2.z.z$
$$= 3xy^2z.(x - 2z)$$

(***Example***):
$15a^2.b - 20ab^2 - 25.a = 5.3a.a.b - 5.4.a.b^2 - 5.5.a$
$$= 5.a.(3ab - 4b^2 - 5)$$

(**Example**):

$$x^4 - x^3 + x^2 - x = x.x^3 - x.x^2 + x.x - x.1$$
$$= x(x^3 - x^2 + x - 1)$$
$$= x[x^2(x-1) + (x-1)]$$
$$= x.(x-1).(x^2+1)$$

(**Example**):

$$\frac{2.a}{x^2} - \frac{4.b}{x} - \frac{8}{x^3} = \frac{2}{x}.\frac{a}{x} - \frac{2}{x}.2b - \frac{2}{x}.\frac{4}{x^2}$$
$$= \frac{x}{2}\left(\frac{a}{x} - 2b - \frac{4}{x^2}\right)$$

(**Example**):

$$x^2 - bx - ax + ab = x(x-b) - a.(x-b)$$
$$= (x-b).(x-a)$$

(**Example**):

$$x^2.y^2 + xy - x^3 - y^3 = x^2.y^2 - x^3 - y^3 + xy$$
$$= x^2.(y^2 - x) - y.(y^2 - x)$$
$$= (y^2 - x).(x^2 - y)$$

(**Example**):

$$ax - az + ay - by - bx + bz = a.(x - z + y) - b(y + x - z)$$
$$= (x - z + y).(a - b)$$

(***Example***):

$(x+y).(m+n) - x - y = (x+y).(m+n) - (x+y)$
$\qquad\qquad\qquad\qquad\quad = (x+y).(m+n-1)$

(***Example***):

$$\frac{1}{my} - \frac{1}{ny} - \frac{1}{mx} + \frac{1}{nx} = \frac{1}{y}\left(\frac{1}{m} - \frac{1}{n}\right) - \frac{1}{x}\left(\frac{1}{m} - \frac{1}{n}\right)$$

$$= \left(\frac{1}{m} - \frac{1}{n}\right)\left(\frac{1}{y} - \frac{1}{x}\right)$$

(***Example***):

$$\frac{x}{mk} - \frac{y}{nk} - \frac{x}{mp} + \frac{y}{np} = \frac{x}{mk} - \frac{x}{mp} - \frac{y}{nk} + \frac{y}{np}$$

$$= \frac{x}{m}.\left(\frac{1}{k} - \frac{1}{p}\right) - \frac{y}{n}.\left(\frac{1}{k} - \frac{1}{p}\right)$$

$$= \left(\frac{1}{k} - \frac{1}{p}\right).\left(\frac{x}{m} - \frac{y}{n}\right)$$

(DIFFERENCE OF TWO SQUARES)

$a^2 - b^2 = (a - b).(a + b)$

(Example):

$a^2 - 49 = a^2 - 7^2 = (a - 7).(a + 7)$

(Example):

$1 - y^2 = 1^2 - y^2 = (1 - y).(1 + y)$

(Example):

$4a^2 - 9 = (2a)^2 - 3^2 = (2a - 3).(2a + 3)$

(Example):

$1\frac{7}{9}a^3b^2 - 1\frac{11}{25}ab^2 = a\left(\frac{16\,^2b^2}{9} - \frac{36b^2}{25}\right)$

$= \left(\left(\frac{4ab}{3}\right)^2 - \left(\frac{6b}{5}\right)^2\right)$

$= a\left(\frac{4ab}{3} - \frac{6b}{5}\right).\left(\frac{4ab}{3} + \frac{6b}{5}\right)$

(Example):

$\frac{4}{x^2} - \frac{9}{4y^2} = \left(\frac{2}{x}\right)^2 - \left(\frac{3}{2y}\right)^2$

$= \left(\frac{2}{x} - \frac{3}{2y}\right).\left(\frac{2}{x} + \frac{3}{2y}\right)$

(Example):

$x^4 - 13x^2 + 36 = x^4 - 9x^2 - 4x^2 + 36$

$= x^2(x^2 - 9) - 4(x^2 - 9)$

$= (x^2 - 9).(x^2 - 4)$

$= (x - 3).(x + 3).(x - 2).(x + 2)$

(SUM &DIFFERENCE OF TWO CUBES)

$a^3 - b^3 = (a - b).(a^2 + ab + b^2)$

$a^3 + b^3 = (a + b).(a^2 - ab + b^2)$

(**Example**):

$x^3 - 27 = x^3 - 3^3 = (x - 3).(x^2 + 3x + 9)$

(**Example**):

$1 + y^3 = 1^3 + y^3 = (1 + y).(1 - y + y^2)$

(**Example**):

$a^{-3} + b^{-3} = \left(\frac{1}{a}\right)^3 + \left(\frac{1}{b}\right)^3 = \left(\frac{1}{a} + \frac{1}{b}\right).\left[\frac{1}{a^2} - \frac{1}{ab} + \frac{1}{b^2}\right]$

(**Example**):

$16a^3 - 250b^3 = 2.(8a^3 - 125b^3)$
$= 2.((2a)^3 - (5b)^3)$
$= 2.(2a - 5b).(4a^2 + 10ab + 25b^2)$

(**Example**):

$\frac{a^3}{8} + \frac{8b^3}{27} = \left(\frac{2b}{3}\right)^3 = \left(\frac{a}{2} + \frac{2b}{3}\right).\left(\frac{a^2}{4} - \frac{ab}{3} + \frac{4b^2}{9}\right)$

(**Example**):

$8a^3 - \frac{64}{a^3} = (2a)^3 - \left(\frac{4}{a}\right)^3$
$= \left(2a - \frac{4}{a}\right).\left(4a^2 + 8 + \frac{16}{a^2}\right)$

(FACTORIZATION OF $a^n \mp b^n$)

$a^n - b^n = (a-b).(a^{n-1} + a^{n-2}b + a^{n-3}b^2 + .. + b^{n-1})$

$a^n + b^n = (a+b).(a^{n-1} - a^{n-2}b + a^{n-3}b^2 - .. + b^{n-1})$

(**Example**):

$x^5 - y^5 = (x-y).(x^4 + x^3y + x^2y^2 + xy^3 + y^4)$

(**Example**):

$1 + x^7 = 1^7 + x^7 = (1+x).(1^6 - 1^5.x + 1^4.x^3 + 1^2x^4 - 1.x^5 + x^6)$

$\qquad = (1+x).(1 - x + x^2 - x^3 + x^4 - x^5 + x^6)$

(**Example**):

$(2y)^6 - \left(\frac{x}{2}\right)^6 = \left(2y - \frac{x}{2}\right)\left[(2y)^5 + (2y)^4.\frac{x}{2} + (2y)^3\left(\frac{x}{2}\right)^2 + (2y)^2\left(\frac{x}{2}\right)^3 + (2y).\left(\frac{x}{2}\right)^4 + \left(\frac{x}{2}\right)^5\right]$

$= \left(2y - \frac{x}{2}\right)\left(32y^5 + 8y^4x + 2y^3.x^2 + \frac{y^2x^3}{2} + \frac{yx^4}{8} + \frac{x^5}{32}\right)$

(IDENTITIES)

$(a + b)^2 = a^2 + 2ab + b^2$

$(a - b)^2 = a^2 - 2ab + b^2$

$(a + b + c)^2 = a^2 + b^2 + c^2 + 2.(ab + ac + bc)$

$(a + b)^3 = a^3 + 3a^2b + 3ab^2 + b^3$

$(a - b)^3 = a^3 - 3a^2b + 3ab^2 - b^3$

(**Example**):

$a + b = 12 \ (and) \ a.b = 10 \Rightarrow a^2 + b^2 = ?$

A)32　　　B)48　　　C)64　　　D)96　　　E)124

(**Solution**):

$a^2 + b^2 = (a + b)^2 - 2ab$

$a^2 + b^2 = 12^2 - 2 \cdot 10$

$144 - 20$

124

(**Example**):

$a + \frac{1}{a} = 3\sqrt{2} \Rightarrow a^2 + \frac{1}{a^2} = ?$

A)9　　　B)12　　　C)16　　　D)24　　　E)32

(**Solution**):

$\left(a + \frac{1}{a}\right)^2 = \left(3\sqrt{2}\right)^2$

$a^2 + 2.a.\frac{1}{a} + \frac{1}{a^2} = 18$

$a^2 + \frac{1}{a^2} = 18 - 2$

$a^2 + \frac{1}{a^2} = 16$

(**Example**):

$x - \frac{4}{x} = -2 \Rightarrow x^3 - \frac{64}{x^3} = ?$

A) 8 B) 4 C) -16 D) -32 E) -64

(**Solution**):

$\left(x - \frac{4}{x}\right)^3 = (-2)^3$

$x^3 - 3.x^2.\frac{4}{x} + 3.x.\frac{16}{x^2} - \frac{64}{x^3} = -8$

$x^3 - 12x + \frac{48}{x} - \frac{64}{x^3} = -8$

$x^3 - 12\left(x - \frac{4}{x}\right) - \frac{64}{x^3} = -8$

$x^3 - 12.(-2) - \frac{64}{x^3} = -8$

$x^3 - \frac{64}{x^3} = -8 - 24$

$x^3 - \frac{64}{x^3} = -32$

(**Example**):

$a + b = -2$ (and) $a.b = -15 \Rightarrow a^3 + b^3 = ?$

(**Solution**):

$a^3 + b^3 = (a+b)^3 - 3ab(a+b)$

$a^3 + b^3 = (-2)^3 - 3.(-15).(-2)$

$= -8 - 90$

$= -98$

(FACTORIZATION OF THE FORM $ax^2 + bx + c$)

$m, n, k, l \in R$

$c = m.n \qquad a = k.l, \qquad b = k.n + l.m$

$\Rightarrow ax^2 + bx + c = (k.x + m).(l.x + n)$

(**Example**):

$x^2 + 7x + 12$

(**Solution**):

$x^2 + 7x + 12$

$3x + 4x = 7x$

$x^2 + 7x + 12 = (x + 4).(x + 3)$

(**Example**):

$6x^2 - 19x + 15 = ?$

(**Solution**):

$6x^2 - 19x + 15 = ?$

$-9x - 10x = -19x$

$6x^2 - 19x + 15 = (3x - 5).(2x - 3)$

(**Example**):

$2x^2 + 5ax - 3a^2$

(**Solution**):

$2x^2 + 5ax - 3a^2$

$6ax - ax = 5ax$

$2x^2 + 5ax - 3a^2 = (2x - a).(x + 3a)$

(**Example**):

$m^4 + 6m^2 + 9 = ?$

(**Solution**):

$m^4 + 6m^2 + 9$

$3m^2 + 3m^2 = 6m^2$

$m^4 + 6m^2 + 9 = (m^2 + 3).(m^2 + 3)$

(**Example**):

$(5 - 3x)^2 + 4.(5 - 3x) - 21 = ?$

(**Solution**):

$5 - 3x = 1$

$(5 - 3x)^2 + 4(5 - 3x) - 21 = t^2 + 4t - 21$

$\qquad = (t + 7)(t - 3)$

$\qquad = (5 - 3x + 7)(5 - 3x - 3)$

$\qquad = (12 - 3x)(2 - 3x)$

$\qquad = 3(4 - x)(2 - 3x)$

(**Example**):

$x^4 + 4y^4 =?$

(**Solution**):

$$x^4 + 4y^4 = x^4 + 4x^2y^2 + 4y^4 - 4x^2y^2$$
$$= (x^2 + 2y^2)^2 - (2xy)^2$$
$$= (x^2 + 2y^2 - 2xy).(x^2 + 2y^2 + 2xy)$$

(**Example**):

$x^4 - 23x^2 + 1 =?$

(**Solution**):

$$x^4 - 23x^2 + 1 = x^4 + 2x^2 + 1 - 25x^2$$
$$= (x^2 + 1)^2 - (5x)^2$$
$$= (x^2 + 1 - 5x).(x^2 + 1 + 5x)$$

(TEST WITH SOLUTIONS)

1. $2a + 3 - \dfrac{2a^2+3a-9}{2a-3} = ?$

A) 1   B) a   C) $a+12$ D) $\dfrac{a}{3-2a}$ E) $\dfrac{2}{3-2a}$

(*Solution*):

$$2a + 3 - \dfrac{2a^2+3a-9}{2a-3} = 2a + 3 - \dfrac{(2a-3)(a+3)}{2a-3}$$
$$= 2a + 3 - (a+3)$$
$$= a$$

2. $\dfrac{3}{a-2} + \dfrac{2a+4}{a^2-4} = ?$

A) $\dfrac{3}{a+2}$ B) $\dfrac{2}{a+2}$ C) $\dfrac{5}{a-2}$ D) $\dfrac{3}{a-2}$ E) $\dfrac{2}{a-2}$

(*Solution*):

$$\dfrac{3}{a-2} + \dfrac{2(a+2)}{(a-2)(a+2)} = \dfrac{3}{a-2} + \dfrac{2}{a-2} = \dfrac{5}{a-2}$$

3. $\dfrac{x^2-a^2}{a^2x-ax^2} = ?$

A) $\dfrac{1}{ax}$ B) $\dfrac{x}{a}$ C) $\dfrac{x-a}{ax}$ D) $\dfrac{-x-a}{ax}$ E) $\dfrac{x+a}{ax}$

(*Solution*):

$$\frac{(x-a)(x+a)}{ax(a-x)} = \frac{-(a-x).(x+a)}{ax.(a-x)} = \frac{-x-a}{ax}$$

4. $\dfrac{a^3-a^2+a-1}{a^2-a} = ?$

A) $\dfrac{a^2+1}{a}$ B) $\dfrac{a^2-1}{a}$ C) $\dfrac{a}{a-1}$ D) $\dfrac{a}{a+1}$ E) $\dfrac{a^2+1}{a-1}$

(**Solution**):

$$\frac{a^2.(a-1)+(a-1)}{a.(a-1)} = \frac{(a-1)(a^2+1)}{a.(a-1)} = \frac{a^2+1}{a}$$

5. $\dfrac{2ax^3-8x^3x}{3ax^2-6a^2x} = ?$

A) $\dfrac{2(x-2a)}{a}$ B) $\dfrac{x+2a}{3x}$ C) $\dfrac{x-2a}{3x-a}$ D) $\dfrac{2(x-2a)}{3(x+a)}$ E) $\dfrac{2(x+2a)}{3}$

(**Solution**):

$$\frac{2ax.(x^2-4a^2)}{3a.(x-2a)} = \frac{2.(x-2a)(x+2a)}{3.(x-2a)} = \frac{2(x+2a)}{3}$$

6. $\dfrac{1-a}{a} + \dfrac{a}{a+1} = ?$

A) $\dfrac{a-1}{a}$ B) $\dfrac{a}{a-1}$ C) $\dfrac{a}{a+1}$ D) $\dfrac{1}{a.(a-1)}$ E) $\dfrac{1}{a.(a+1)}$

(**Solution**):

$$\frac{(1-a)(a+1)+a^2}{a.(a+1)} = \frac{1-a^2+a^2}{a.(a+1)} = \frac{1}{a.(a+1)}$$

7. $\dfrac{x^2-\frac{1}{4}}{x-\frac{1}{2}} - \dfrac{1}{2} = ?$

A) x B) $\dfrac{x}{2}$ C) $\dfrac{1}{2}$ D) $2x$ E) $-x$

(**Solution**):

$$\frac{x^2-\frac{1}{4}}{x-\frac{1}{2}} - \frac{1}{2} = \frac{\left(x-\frac{1}{2}\right).\left(x+\frac{1}{2}\right)}{x-\frac{1}{2}} - \frac{1}{2} = x + \frac{1}{2} - \frac{1}{2} = x$$

8. $\dfrac{x}{\frac{1}{x}+1} + \dfrac{x}{x+1} = ?$

A) $x-1$ B) $x+1$ C) x D) 1 E) $-x$

(**Solution**):

$$\frac{x}{\frac{1+x}{x}} + \frac{x}{x+1} = \frac{x^2}{1+x} + \frac{x}{x+1} = \frac{x^2+x}{x+1}$$

$$= \frac{x(x+1)}{x+1}$$

$$= x$$

9. $\dfrac{ax-1}{abx^2-(a+b)x+1} = ?$

A) $\dfrac{-1}{bx-1}$ B) $\dfrac{1}{ax+1}$ C) $\dfrac{1}{ax-1}$ D) $\dfrac{1}{bx-1}$ E) $\dfrac{1}{bx+1}$

(**Solution**):

$$\dfrac{ax-1}{abx^2-(a+b)x+1} = \dfrac{ax-1}{(ax-1)(bx-1)} = \dfrac{1}{bx-1}$$

10. $\dfrac{5^{20}-3^{20}}{5^{15}+5^{10}\cdot 3^5+5^5\cdot 3^{10}+3^{15}} + 3^5 = x^5 \Rightarrow x = ?$

A)3 B)4 C)5 D)6 E)7

(**Solution**):

$$\dfrac{(5^5)^4-(3^5)^4}{5^{15}+5^{10}\cdot 3^5+5^5\cdot 3^{10}+3^{15}} + 3^5 = x^5$$

$$\dfrac{(5^5-3^5)(5^{15}+5^{10}\cdot 3^5+5^5\cdot 3^{10}+3^{15})}{5^{15}+5^{10}\cdot 3^5+5^5\cdot 3^{10}+3^{15}} + 3^5 = x^5$$

$$5^5 - 3^5 + 3^5 = x^5 \Rightarrow 5^5 = x^5 \Rightarrow x = 5$$

11. $\left.\begin{array}{l} x+y=5 \\ x\cdot y=3 \end{array}\right\} \Rightarrow x^2 + y^2 + 2 = ?$

A)15 B)17 C)19 D)21 E)23

(**Solution**):

$x + y = 5 \Rightarrow (x + y)^2 = 5^2$

$x^2 + 2xy + y^2 = 25 = x^2 + 2.3 + y^2 = 25$

$$x^2 + y^2 = 19$$

$$\Rightarrow x^2 + y^2 + 2 = 19 + 2$$

$$= 21$$

12. $\left. \begin{array}{l} x + y = 4 \\ x.y = 2 \end{array} \right\} \Rightarrow x^3 + y^3 = ?$

A) 36   B) 40   C) 44   D) 48   E) 52

(**Solution**):

$x + y = 4 \Rightarrow (x + y)^3 = 4^3$

$x^3 + 3x^2y + 3xy^2 + y^3 = 64$

$x^3 + 3xy(x + y) + y^3 = 64$

$x^3 + 3.2.4 + y^3 = 64$

$x^3 + y^3 = 40$

13. $\left. \begin{array}{l} a^2 + b^2 + c^2 = 29 \\ a + b + c = 9 \end{array} \right\} \Rightarrow ab + ac + bc = ?$

A) 26   B) 30   C) 38   D) 40   E) 45

(**Solution**):

$a + b + c = 9 \Rightarrow (a + b)c^2 = 9^2$

$\underbrace{a^2 + b^2 + c^2}_{29} + 2.(ab + ac + bc) = 81$

$29 + 2.(ab + ac + bc) = 81$

$$\frac{2.(ab+ac+bc)}{2} = \frac{52}{2}$$

$$ab + ac + bc = 26$$

14. $\dfrac{a}{a-1} - \dfrac{2}{a^2-1} + \dfrac{a}{a+1} = ?$

A) $2a - \dfrac{1}{2}$ B) $a + 2$ C) $2a^2$ D) $a^2 -$
  E) 2

(**Solution**):

$$\frac{a.(a+1)-2+a.(a-1)}{a^2-1} = \frac{a^2+a-2+a^2-a}{a^2-1} = \frac{2a^2-2}{a^2-1}$$

$$= \frac{2.(a^2-1)}{a^2-1}$$

$$= 2$$

15. $\dfrac{(a+b)^2 - 11.(a+b)+28}{a+b-4} = ?$

A) $a + b - 7$ B) $a + b + 7$ C) $a - b - 7$

D) $a + 7$ E) $a - 7$

(**Solution**):

$$\frac{(a+b)^2-11.(a+b)+28}{a+b-4} = \frac{(a+b-4)(a+b-7)}{a+b-4}$$

$$= a + b - 7$$

16. $\dfrac{(a+2)^2-(2+3a)^2}{a-a^3} = ?$

A) $\frac{8a}{a-1}$ B) $\frac{a+1}{4a}$ C) $\frac{8}{a-1}$ D) $\frac{4}{a+1}$ E) $\frac{a-1}{4a}$

(**Solution**):

$$\frac{(a+2)^2-(2a+3a)^2}{a-a^3} = \frac{[a+2-2(2+3a)][a+2+(2+3a)]}{a(1-a^2)}$$

$$= \frac{(a+2-2-3a)(a+2+2+3a)}{a.(1-a).(1-a)}$$

$$= \frac{-2a.(4a+4)}{a.(1-a).(1+a)}$$

$$= \frac{-2.4(a+1)}{1-a}$$

$$= \frac{8}{a-1}$$

17. $\left(\frac{a+3}{a-2} - \frac{3-a}{2-a}\right).(4-a^2) = ?$

A) $-6a+2$ B) $-6(a-2)$ C) $6(a-2)$

D) $-6(a+2)$ E) $6(a+2)$

(**Solution**):

$$\left(\frac{a+3}{a-2} - \frac{3-a}{2-a}\right).(4-a^2) = \left(\frac{a+3}{a-2} + \frac{3-a}{a-2}\right).(4-a^2)$$

$$= \left(\frac{a+3+3-a}{a-2}\right).(4-a^2)$$

$$= \frac{6}{a-2}.(2-a)(2+a)$$

$$= \frac{-6.(a-2)(a+2)}{a-2}$$

$$= -6(a+2)$$

18. $m \in Z^+$, $\dfrac{x^2 - mx + 21}{x^2 - 9x + 14}$,

(*Which of the following can be equal to this fraction*)

A) $\dfrac{x+3}{x-2}$ B) $\dfrac{x-3}{x-2}$ C) $\dfrac{x+7}{x-2}$

D) $\dfrac{x-7}{x-2}$ E) $\dfrac{x+3}{x-7}$

(*Solution*):

$$\dfrac{x^2-mx=2}{x^2-9x+14} = \dfrac{x^2-mx+2}{(x-2)(x-7)}$$

$$= \dfrac{(x-3)(x-7)}{(x-2).(x-7)}$$

$$= \dfrac{x-3}{x-2}$$

19. $\dfrac{6x^2+x-1}{4x^2-1} = ?$

A) $\dfrac{2x-1}{2x+1}$ B) $\dfrac{1}{2x-3}$ C) $\dfrac{2x-2}{3x-1}$

D) $\dfrac{3x+1}{2x+1}$ E) $\dfrac{3x-1}{2x-1}$

(*Solution*):

$$\dfrac{6x^2+x-1}{4x^2-1} = \dfrac{(3x-1).(2x+1)}{(2x-1).(2x+1)}$$

$$= \dfrac{3x-1}{2x-1}$$

(QUESTIONS)

1. $\dfrac{a^2-b^2+2a+1}{a+1+b} = ?$

A) $a + 3b + 1$ B) $3a - b + 1$ C) $a - b + 1$

D) $a - b + 3$ E) $a + b - 1$

(**Solution**):

$$\dfrac{a^2-b^2+2a+1}{a+1+b} = \dfrac{a^2+2a+1-b^2}{a+1+b}$$

$$= \dfrac{(a+1)^2-b^2}{a+1+b}$$

$$= \dfrac{(a+1-b)(a+1+b)}{(a+1+b)}$$

$$= a + 1 - b$$

2. $\dfrac{1-x}{1-\sqrt{x}} = ?$

A) $\sqrt{x}$ B) $1 + \sqrt{x}$ C) $x\sqrt{x} - 1$

D) $x - \sqrt{x}$ E) $-1 - x\sqrt{x}$

(**Solution**):

$$\dfrac{1-x}{1-\sqrt{x}} = \dfrac{(1-\sqrt{x})\cdot(1+\sqrt{x})}{1-\sqrt{x}}$$

$$= 1 + \sqrt{x}$$

3. $x > 0, y > 0, x^2 + y^2 = 34, 2y = \dfrac{30}{x} \Rightarrow (x + y)^2 = ?$

A) 4 B) $\sqrt{30}$ C) $\sqrt{34}$ D) 49 E) 64

(**Solution**):

$$2y = \frac{30}{x} \Rightarrow 2xy = 30$$

$$(x+y)^2 = x^2 + 2xy + y^2$$
$$= x^2 + y^2 + 2xy$$
$$= 34 + 30$$
$$= 64$$

4. $\dfrac{(x+1).a^x}{a^{x+1}} - \dfrac{1}{a} = ?$

A) $\dfrac{x}{a}$ B) $\dfrac{a}{x-a}$ C) $\dfrac{a^x-1}{a}$ D) $\dfrac{xa}{a^x}$ E) $\dfrac{x-1}{a^x}$

(**Solution**):

$$\frac{(x+1).a^x}{a^x.a} - \frac{1}{a} = \frac{x+1}{a} - \frac{1}{a} = \frac{x+1}{a} = \frac{x}{a}$$

5. $\dfrac{2ax^2+ax}{a^2x^3-x} \cdot \dfrac{ax+1}{2x+1} = ?$

A) $\dfrac{a}{ax-1}$ B) $\dfrac{1}{x-1}$ C) $\dfrac{ax-1}{ax^2+1}$ D) $\dfrac{2a}{x-2}$ E) $\dfrac{2+a}{ax-1}$

(**Solution**):

$$\frac{ax.(2x+1)}{x(a^2x^2-1)} \cdot \frac{ax+1}{2x+1} = \frac{ax.(ax+1)}{x(ax-1)(ax+1)} = \frac{a}{ax-1}$$

6. $\dfrac{x^2-4}{x^2+7x+10} \cdot \dfrac{2x+10}{4} = ?$

A) $\dfrac{2}{6x+5}$ B) $\dfrac{x+2}{7x}$ C) $\dfrac{x-2}{5x+10}$ D) $\dfrac{x+4}{2}$ E) $\dfrac{x-2}{2}$

(**Solution**):

$$\frac{(x-2)(x+2)}{(x+2)(x+5)} \cdot \frac{2(x+5)}{4} = \frac{x-2}{2}$$

7. $\dfrac{x^2-9}{x^2+x-12} \cdot \dfrac{3x+12}{x^2+2x-3} = ?$

A) $\dfrac{3}{x}$ B) $\dfrac{1}{x+1}$ C) $\dfrac{3}{x-1}$ D) $\dfrac{x}{x+3}$ E) $\dfrac{x+3}{x-1}$

(Solution):

$\dfrac{(x-3)(x+3)}{(x+4)(x-3)} \cdot \dfrac{3(x+4)}{(x+3)(x-1)} = \dfrac{3}{x-1}$

8. $\dfrac{x-y}{x+y} \cdot \dfrac{4x+2y}{2x^2-xy-y^2} = ?$

A) $\dfrac{x-y}{2x+y}$ B) $\dfrac{2x+y}{x+y}$ C) $\dfrac{2}{x+y}$ D) $\dfrac{1}{2x-y}$ E) $\dfrac{x-y}{2x-y}$

(Solution):

$\dfrac{x-y}{x+y} \cdot \dfrac{2(2x+y)}{(2x+y).(x-y)} = \dfrac{2}{x+y}$

9. $\dfrac{a^3-b^3}{a^2b+ab^2+b^3} \cdot \dfrac{2b^2+2ab}{a^2-b^2} = ?$

A) $\dfrac{2b}{a^2+ab+b^2}$ B) $\dfrac{2(a+b)}{ab}$ C) $\dfrac{2}{ab}$ D) $2a$ E) 2

(Solution):

$\dfrac{(a-b)(a^2+ab+b^2)}{b(a^2+ab+b^2)} \cdot \dfrac{2b(b+a)}{(a-b)(a+b)} = 2$

10. $\dfrac{x+3}{3} + \dfrac{3}{x-3} = ?$

A) $\dfrac{x+6}{x}$ B) $\dfrac{x^2}{3x-9}$ C) $\dfrac{3x}{x-1}$ D) $\dfrac{x^2+3x}{3x-9}$ E) $\dfrac{3x}{x+1}$

(Solution):

$$\frac{(x+3)(x-3)+9}{3.(x-3)} = \frac{x^2-9+9}{3x-9} = \frac{x^2}{3x-9}$$

11. $\frac{x^4-2a^2x^3+a^4x^2}{a^4-2a^2x+x^2} = ?$

A) 1 B) a C) x^2 D) x E) $\frac{1}{2}$

(**Solution**):

$$\frac{x^4-2a^2x^3+x^4x^2}{a^4-2a^2x+x^2} = \frac{x^2(x^2-2a^2x+a^4)}{a^4-2a^2x+x^2}$$

$= x^2$

12. $\frac{a+a^2-a^2-1}{a^2-1} = ?$

A) $1-a^2$ B) a^2-1 C) $a+1$ D) $a-1$ E) $1-a$

(**Solution**):

$$\frac{a-1-a^3+a^2}{a^2-1} = \frac{(a-1)-a^2(a-1)}{a^2-1} = \frac{(a-1)(1-a^2)}{a^2-1}$$

$$\frac{-(a-1)(a^2-1)}{a^2-1} = -a+1 = 1-a$$

13. $\frac{6a^2+13ab+6b^2}{2a+3b} = ?$

A) $2(3b+a)$ B) $3(a+b)$ C) $3a+6b$

D) $3a+2b$ E) $3a\_2b$

(**Solution**):

$\frac{(3a+2b)(2a+3b)}{2a+3b} = 3a+2b$

14. $\dfrac{a^6+64}{a^2+4}=?$

A) $a^4 - 4a^2 + 16$
B) $a^4 + 4a^2 + 16$
C) $a^4 - 8a^2 + 16$

D) $a^4 + 8a^2 + 16$
E) $a^4 + 16$

(Solution):

$$\dfrac{(a^2)^3+4^3}{a^2+4} = \dfrac{(a^2+4)(a^4-4a^2+1\;)}{a^2+4}$$

$$= a^4 - 4a^2 + 16$$

15. $\left(\dfrac{x-y}{x}+\dfrac{y-x}{y}\right):\dfrac{x-y}{xy}=?$

A) $y(y - x)$
B) $x(x - y)$
C) $-(x + y)$

D) $x - y$
E) $y - x$

(Solution):

$$\dfrac{xy-y^2+xy-x^2}{xy} \cdot \dfrac{xy}{x-y} = \dfrac{-x^2+2xy-\;^2}{x-y}$$

$$= \dfrac{(x^2-2xy+\;^2)}{x-y} = \dfrac{-(x-y)^2}{x-y} = -(x-y)$$

$$= y - x$$

16. $\dfrac{a.(a-2)-a+2}{a-2}=?$

A) $a - 1$
B) $a - 2$
C) $a + 1$
D) $1 - a$
E) $2a + 1$

(Solution):

$$\dfrac{a.(a-2)-a+2}{a-1} = \dfrac{a(a-2)-(a-2)}{a-2}$$

$$= \frac{(a-2).(a-1)}{(a-1)} = a - 2$$

17. $a - b = 7, a + c = 14, \Rightarrow a^2 - bc - ab + ac =?$

A) 49   B) 63   C) 64   D) 98   E) 105

(**Solution**):

$a^2 - bc - ab + ac = a^2 - ab + ac - bc$

$$= a.(a - b) + c.(a - b)$$

....

$$= (a - b).(a + c)$$

$$= 7.14$$

$$= 98$$

18. $\left[\frac{a}{b} - \left(2 - \frac{b}{a}\right)\right] : \frac{a-b}{ab} =?$

A) $-ab$ B) $2ab$ C) $a + b$ D) $b - a$

                  E) $a - b$

(**Solution**):

$$\left(\underset{(a)}{\frac{a}{b}} - \underset{(ab)}{\frac{2}{1}} + \underset{(b)}{\frac{b}{a}}\right) . \frac{ab}{a-b} = \frac{a^2 - 2ab + {}^2}{ab} . \frac{ab}{a-b}$$

$$= \frac{(a-b)^2}{a-b} = a - b$$

19. $x^2 - 3x - 5 = 0 \Rightarrow \frac{x^3+27}{2x+6} =?$

A) 5   B) 6   C) 7   D) 8   E) 10

(**Solution**):

$$\frac{(x+3)(x^2-3x+9)}{2 \cdot (x+3)} = \frac{x^2-3x+9}{2}$$

$$= \frac{x^2-3x-5+14}{2} = \frac{0+14}{2} = 7$$

20. $\dfrac{8.(x^2-4).(x+2)}{[(x+2)(x-1)]^2-[(x-3)(x+2)]^2} = ?$

A)1   B)2   C)4   D)8x   E)$\dfrac{2(x-2)}{x-5}$

(**Solution**):

$$\frac{8.(x^2-4).(x+2)}{(x^2+x-2)^2-(x^2-x-6)^2}$$

$$= \frac{8.(x^2-4).(x+2)}{[(x^2+x-2)-(x^2-x-6)].[(x^2+x-2)+(x^2-x-6)]}$$

$$= \frac{8.(x^2-4).(x+2)}{2(x+2).2(x^2-4)} = \frac{8}{4} = 2$$

21. $a - \dfrac{1}{a} = 4 \Rightarrow a^2 + \dfrac{1}{a^2} = ?$

A)18   B)16   C)14   D)12   E)10

(**Solution**):

$\left(a - \dfrac{1}{a}\right)^2 = 4^2 = a^2 - 2.a.\dfrac{1}{a} + \dfrac{1}{a^2} = 16 \Rightarrow a^2 + \dfrac{1}{a^2} = 18$

22. $x = \dfrac{3}{8}, y = \dfrac{11}{16}, \Rightarrow \dfrac{x^2+2xy+4y^2}{x^3-8y^3} = ?$

A) $-\dfrac{3}{8}$ B) -1 C) $\dfrac{5}{16}$ D) $\dfrac{13}{16}$ E)2

Solution):

$$\frac{x^2+2xy+4y^2}{x^3-8y^3} = \frac{x^2+2xy+4\ ^2}{x^3-(2y)^3}$$

$$= \frac{x^2+2xy+4\ ^2}{(x-2y)(x^2+2xy+4\ ^2)} = \frac{1}{x-2y}$$

$$= \frac{1}{\frac{3}{8}-2\cdot\frac{11}{16}}$$

$$= \frac{1}{-1} = -1$$

23. $\dfrac{a^3-ab^2+b^2-a^2}{a^3-a^2b-2a^2+2ab+a-b} = ?$

A) $\dfrac{a-b}{a+1}$ B) $\dfrac{a-b}{a+b}$ C) $\dfrac{a-1}{a-b}$ D) $\dfrac{a+b}{a+1}$ E) $\dfrac{a+1}{a-1}$

(**Solution**):

$$\frac{a^3-ab^2+b^2-a^2}{a^3-a^2b-2a^2+2ab+a-b}$$

$$= \frac{a(a^2-b^2)-(a^2-b^2)}{a^2(a-b)-2a(a-b)+(a-b)}$$

$$= \frac{(a^2-b^2)(a-1)}{(a-b)(a^2-2a+1)} = \frac{(a-b)(a+b)(a-1)}{(a-b)(a-1)^2}$$

$$= \frac{a+b}{a-1}$$

24. $5003^2 - 4997^2 = ?$

A) 10^4 B) 3.10^4 C) 6.10^4 D) 3.105 E) 6.105

(**Solution**):

$(5003-4997)\cdot(5003+4997) = 6\cdot 10000 = 6\cdot 10^4$

25. $\dfrac{(3+5a)^2-(a+3)^2}{a^3-a} = ?$

A) $\dfrac{24}{a-1}$ B) $\dfrac{24}{a+1}$ C) $\dfrac{12}{a-1}$ D) $\dfrac{12}{a+1}$ E) $24(a-1)$

(**Solution**):

$$\frac{(3+5a-a-3)(3+5a+a+3)}{a(a-1)(a+1)}$$

$$\frac{4a.(6a+6)}{a.(a-1)(a+1)} = \frac{24}{a-1}$$

26. $(99)^2 - 4 =?$

A) 8097　　B) 8797　　C) 9097　　D) 9797　　E) 9977

(**Solution**):

$99^2 - 2^2 = (99-2)(99+2)$

$\qquad = 97.101$

$\qquad = 9797$

27. $x^3 + 2 = 3x^2 \Rightarrow 3x + \frac{6}{x^2} =?$

A) 6　　B) 9　　C) 12　　D) 13　　E) 15

(**Solution**):

$x^3 + 2 - 3x^2 \Rightarrow x^3 = 3x^2 - 2$

$3x + \frac{6}{x^2} = \frac{3x^3}{x^2} = \frac{3(3x^2-2)+6}{x^2}$

$\qquad\qquad = \frac{9x^2-6+6}{x^2} = 9$

28. $x^2 + y^2 - 2xy - 4 = 0 \Rightarrow |x-y| =?$

A) -3　　B) -1　　C) 1　　D) 2　　E) 4

(**Solution**):

$(x-y)^2 = 4 \Rightarrow |x-y| = 2$

29. $\dfrac{(1.75)^2-(1.25)^2}{(2.25)^2-(1.75)^2}=?$

A) $\dfrac{3}{4}$ B) $\dfrac{1}{4}$ C) 1   D) 3   E) 4

(Solution):

$\dfrac{(1{,}75-1{,}25).(1{,}75+1{,}25)}{(2{,}25-1{,}75).(2{,}25+1{,}75)}$

$=\dfrac{0{,}5\,.\,3}{0{,}5\,.\,4}=\dfrac{3}{4}$

30. $\dfrac{(x^2-2x+4).(x^2-4)}{x^3+8}=?$

A) $\dfrac{1}{x-2}$ B) $\dfrac{1}{x+2}$ C) $x-2$ D) $x=2$ E) $\dfrac{x+2}{x-2}$

(Solution):

$\dfrac{(x^2-2x+4)(x-2)(x+2)}{(x+2)(x^2-2x+4)}=x-2$

31. $\dfrac{(cd-1)^2-(c-d)^2}{(d^2-1)(c-1)}=5 \Rightarrow c=?$

A) 2   B) 3   C) 4   D) 5   E) 6

(Solution):

$\dfrac{c^2d^2-2cd+1-c^2-d^2+2cd}{(d^2-1)(c-1)}=5$

$\dfrac{c^2d^2+1-c^2-d^2}{(d^2-1)(c-1)}=5$

$$\frac{c^2(d^2-1)-(d^2-1)}{(d^2-1)(c-1)} = 5$$

$$\frac{(d^2-1).(c^2-1)}{(d^2-1)(c-1)} = 5$$

$c + 1 = 5$

$c = 4$

TEST 1

1. $\dfrac{x^2-18}{x^2-6x+16} : \dfrac{2x+8}{x-4} = ?$

A) $\dfrac{1}{2}$ B) 3 C) $\dfrac{4}{3}$ D) $\dfrac{2}{5}$ E) 7

2. $\dfrac{x^2+4}{x^2-3x-4} = \dfrac{Ax}{x+1} + \dfrac{B}{x-4} \Rightarrow B+A = ?$

A) 2 B) 3 C) 4 D) 5 E) 6

3. $\dfrac{1}{x-3} - \dfrac{x-2}{x-3} : \dfrac{x^2-9}{x^3-2x^2-9x+18} = ?$

A) 0 B) 1 C) $3-x$ D) $2-x$ E) x^2

4. $\dfrac{2^{2x}-2^{-2x}}{2^x - 2^{-x}} = ?$

A) 2^x B) $1+2^x 2^{-x}$ C) $2^x - 2^{-x}$ D) $2^x + 2^{-x}$ E) $2^x + 2^{2x}$

5. $\dfrac{x}{y} - \dfrac{y}{x} = \sqrt{2} \Rightarrow \dfrac{x^4+y^4}{x^2 y^2} = ?$

A) 2 B) $2\sqrt{2}$ C) 4 D) $4\sqrt{2}$ E) 16

6. $\frac{3^{12}-1}{3^8+3^4+1} = ?$

A) 12 B) 27 C) 80 D) 81 E) 92

7. $x^2 + 2x + 4 = 0 \Rightarrow 3x + \frac{12}{x} = ?$

A) 0 B) −2 C) −4 D) −6 E) 8

8. $\frac{a^2-64}{a^2-6a-16} : \frac{a+8}{a^2+10a+16} = 15 \Rightarrow a = ?$

A) 5 B) 6 C) 7 D) 8 E) 16

9. $x^6 - x^4 - 2x^3 - (x^4 \cdot x^2 - x^3) = ?$

A) x^6 B) $-x^4 - x^2$ C) $-x^4 \cdot x$

D) $x^3 - x^4$ E) $-x^3 \cdot (x+1)$

10. $\left(\frac{2}{a} - \frac{a}{2}\right)^2 - \left(\frac{a}{2} - \frac{2}{a}\right)^2 = ?$

A) 0 B) 1 C) $4a$ D) $\frac{8}{a}$ E) 32

11. $(a - b + c)^2 - (a + b - c)^2 = ?$

A) $2b - c$ B) $4a(b - c)$ C) $4a(c - a)$

D) $2b - a$ E) $c - b$

12. $\dfrac{1}{a-1} + \dfrac{2a-a^2}{1-a} = 12 \Rightarrow a = ?$

A) 10 B) 11 C) 12 D) 13 E) 14

13. $\dfrac{8a^2 - 2b^2}{8a^2 - 8ab + 2b^2} = ?$

A) $\dfrac{b+2a}{-b}$ B) $\dfrac{a+b}{b-2a}$ C) $\dfrac{b+2a}{-b+2a}$

D) $\dfrac{b \cdot a}{b+a}$ E) $\dfrac{2a}{b}$

14. $\dfrac{x^2 - yx - x + y}{x-1} = ?$

A) $y - x$ B) $x - y$ C) $y + 1$ D) $x + 2$ E) $x - 1$

15. $\dfrac{x^3 + y^3}{(x-y)^2 + xy} = ?$

A) $x - y$ B) $y + 1$ C) $y + 2x$ D) $x^2 - y^2$ E) $2x$

16. $x + \dfrac{1}{x} = 4 \Rightarrow x^2 - \dfrac{1}{x^2} = ?$

A) 10   B) 12   C) $2\sqrt{3}$ D) 6   E) $8\sqrt{3}$

17. $a - b = b - c = 4 \Rightarrow a^2 + c^2 - 2a \cdot c = ?$

A) 0 B) 4 C) 8 D) 16 E) 64

18. $\dfrac{a^3+b^3}{a^2-ab+b^2} : \dfrac{(a+b)}{4} = ?$

A) 0 B) 1 C) 2 D) 3 E) 4

19. $a = 2b \Rightarrow \dfrac{a^2-4ab}{4b^2-ab} = ?$

A) 0 B) -1 C) -2 D) 4 E) 1

20. $\dfrac{2ab\left(\dfrac{1}{4a^2}-\dfrac{4}{b^2}\right)}{b-4a} = ?$

A) $\dfrac{b+4a}{2ab}$ B) $\dfrac{a-4b}{2}$ C) $\dfrac{b-2a}{ab}$

D) $\dfrac{a-2b}{b}$ E) $\dfrac{b-4a}{2ab}$

21. $\dfrac{(x-2) \cdot y^x}{y^x+1} + \dfrac{2}{y} = ?$

A) $\dfrac{x}{y+x}$ B) $\dfrac{x+y}{x}$ C) $\dfrac{x-y}{x}$

D) $\dfrac{x}{y}$ E) $\dfrac{y}{x}$

Answers						
1.E	2.D	3.D	4.D	5.C	6.C
7.D	8.C	9.E	10.A	11.C	12.D
13.C	14.B	15.B	16.E	17.E	18.E
19.C	20.A	21.D			

TEST 2

1. $3x^2y - 6x^2y - 2 - 9xy^3 =?$

A) $3y(x^2 - 2x^2y - 3y^2)$
B) $3xy(x - 2xy - 3y^2)$
C) $2xy(x - 2y - 3y^2)$
D) $3xy(x^2 + 2xy + 3x^2)$
E) $3xy(x - 2y + y^2)$

2. $\dfrac{a^2-b^2}{4a^2+4ab} =?$

A) $\dfrac{a-b}{4a}$
B) $\dfrac{a+b}{a-b}$
C) $\dfrac{a+b}{2(a-b)}$
D) $\dfrac{a+b}{5a}$
E) $\dfrac{a+b}{4a}$

3. $\left.\begin{array}{l} a^2 + b^2 = 10 \\ a^3b + a^2b^2 + ab^3 = 39 \end{array}\right\} \Rightarrow a + b =?$

A) 1   B) 2   C) 3   D) 4   E) 5

4. $\dfrac{a+1}{\sqrt{a}} = 3 \Rightarrow a^2 + \dfrac{1}{a^2} =?$

A) 52   B) 48   C) 47   D) 41   E) 27

5. $20x^2 - 19x + 3 =?$

A) $(4x + 3)(5x - 1)$
B) $(4x - 3)(5x - 1)$

127

C)$(4x+3)(5x+1)$ D)$(5x+3)(4x+1)$

E)$(20x+1)(x+3)$

6. $(a^2+5a-14):\dfrac{a^2-4}{5a}=?$

A) $\dfrac{5a(a+7)}{a+2}$ B) $\dfrac{a+2}{5a}$ C) $\dfrac{5a(a+2)}{a-2}$

D) $\dfrac{5a}{a+2}$ E) $\dfrac{a+7}{a+2}$

7. $x+y=\dfrac{2}{5} \Rightarrow \dfrac{x.(y-2)-y(x-2)}{x^2-y^2}=?$

A) -5 B) -4 C) -3

D) 4 E) 7

8. $\dfrac{(2x-1)^2-x^2}{3x^2-4x+1}=?$

A) 1 B) $x-1$ C) $x+1$

D) $\dfrac{x-1}{3}$ E) $\dfrac{x-1}{x+1}$

9. $\dfrac{4x^2-y^2-4x+1}{4x^2-y^2-2y-1}=?$

A) $\dfrac{2x+y+1}{2x-y-1}$ B) $\dfrac{2x-y-1}{2x+y+1}$ C) $\dfrac{2x+y-1}{2x+y+1}$

D) $\dfrac{2x+y+1}{2x+y+1}$ E) $\dfrac{2x-y-1}{2x+y-1}$

10. $\dfrac{x^2-5x-6}{x^{n+1}-6x^n} : \dfrac{x+1}{x^{n+1}} = ?$

A) 1 B) x C) $2x$ D) $3x$ E) $\dfrac{x}{x^n}$

11. $\left(\dfrac{2x^2-x-3}{x^2-1}\right) \cdot \left(1 - \dfrac{1}{x}\right) = ?$

A) $\dfrac{x+1}{x}$ B) $2 - \dfrac{3}{x}$ C) $3 - \dfrac{1}{x}$ D) $2x + 1$ E) $2x + 3$

12. $a^2 + 2bc - b^2 - c^2 = ?$

A) $(a-b-c)(a-b+c)$ B) $(a-b-c)(a+b+c)$

C) $(a-b+c)(a-b+c)$ D) $(a+b)(a-b+c)$

E) $(a+b)(a+b+c)$

13. $\left(\dfrac{a}{2} - \dfrac{2}{a}\right)^2 - \left(\dfrac{a}{2} + \dfrac{2}{a}\right)^2$

A) -1 B) -2 C) -4 D) -8 E) -12

14. $x - \dfrac{1}{x} = 3\sqrt{5} \Rightarrow x^3 + \dfrac{1}{x^3} = ?$

A) $3\sqrt{7}$ B) $6\sqrt{13}$ C) 5 D) 300 E) 322

15. $\left(\dfrac{x^2+xy}{xy+y^2} - \dfrac{xy-y^2}{x^2-xy}\right) : \left(\dfrac{1}{y} - \dfrac{1}{x}\right) = ?$

A)x y B)$x-y$ C)y D)$x+$
     E)$\frac{x-y}{x+y}$

16. $\frac{1}{x}+\frac{1}{y}+\frac{1}{z}=6$,

   $x+y+z=2xyz$

   $\Rightarrow \frac{1}{x^2}+\frac{1}{y^2}+\frac{1}{z^2}=?$

   A)30   B)32   C)34   D)36   E)40

17. $x^2+4x+y^2+6y=-13 \Rightarrow x^2-y^2=?$
   A) -6 B) -5 C) -1
              D)4   E)5

18. $x>2, x \in R \Rightarrow \frac{x^3-8}{\sqrt{x^2-4x+4}}+\frac{x^3+8}{\sqrt{x^2+4x+4}}=?$

   A)x^2-7 B)x^2+6 C)x^2+4
   D)$2(x^2+4)$ E)$2(x^2-1)$

19. $\frac{a^2}{(a-b)^2}-\frac{a}{a-b}=?$

   A)$\frac{b}{(a-b)^2}$ B)$\frac{a+b}{a-b}$ C)$\frac{a-1}{a+b}$

   D)$\frac{ab}{(a-b)^2}$ E)$\frac{a^2}{(a-b)^2}$

Answers					
1.B	2.A	3.D	4.C	5.B	6.A
7.A	8.A	9.C	10.B	11.B	12.C
13.C	14.E	15.D	16.B	17.B	18.D
19.D					

TEST 3

1. $\dfrac{6x^2-13x-5}{4x^2-25}=?$

A) $\dfrac{2x+3}{2x-5}$ B) $3x+1$ C) $\dfrac{3x-1}{2x+5}$

D) $\dfrac{2x+1}{x-5}$ E) $\dfrac{3x+1}{2x+5}$

2. $\dfrac{x^2+2x-3}{x^2+3x}:\dfrac{x^2-4x+3}{x^3-9x}=?$

A) $x+3$ B) x C) $x-3$ D) $x-1$ E) $\dfrac{x+3}{x}$

3. $\dfrac{x^3+27}{x^2-9}:\dfrac{x^2-3x+9}{x^2-3x}=?$

A) 1 B) $x-3$ C) x D) $x+3$ E) $\dfrac{x}{x+3}$

4. $\dfrac{a}{a-\frac{a+b}{2}}+\dfrac{b}{b-\frac{a+b}{2}}=?$

A) 1 B) $a-b$ C) 2 D) $\dfrac{a}{b}$ E) $a+b$

5. $\dfrac{a^2+2a-3}{a^3+5a^2+6a}:\dfrac{a^2-3a+2}{a^3-4a}=?$

A)1   B)$a+1$ C)-1 D)a^2 E)$\frac{1}{a}$

6. $\dfrac{a^3-a^2}{3(a+1)} : \dfrac{a^2-1}{(a^2+a)^2} = ?$

A)$\frac{1}{3}$ B)$\frac{a^2}{3}$ C)$\frac{a^4}{3}$ D)$\frac{a}{3}$ E)$\frac{1}{a}$

7. $\left(\dfrac{x+1}{x-1} - \dfrac{x-1}{x+1}\right) \cdot \left(x - \dfrac{1}{x}\right) = ?$

A)x B)$\frac{1}{x+1}$ C)$\frac{4}{x+1}$ D)4   E)8

8. $\left(\dfrac{\frac{x^2}{2}-2}{\frac{x}{2}+1}\right) : \left(\dfrac{x}{2} - 1\right) = ?$

A)$x+1$ B)$x-2$ C)$\frac{2}{x}$ D)1   E)2

9. $\left(x^2 + \dfrac{1}{x}\right) : \dfrac{x^2-x+1}{x^2-x} = ?$

A)$x-1$ B)$\frac{x+1}{x}$ C)$\frac{x}{x+1}$ D)x^2-1 E)x^2

10. $\dfrac{x+4+\frac{4}{x}}{x+1-\frac{2}{x}}=?$

A) $\dfrac{x+2}{x}$ B) $\dfrac{x}{x-1}$ C) $x+1$ D) $\dfrac{x-2}{x+1}$ E) $\dfrac{x+2}{x-1}$

11. $\dfrac{a^4+a^2+1}{a^3+1} : \dfrac{a^2+a+1}{a^2-1} =?$

A) a^2+1 B) $(a+1)^2$ C) $(a-1)^2$ D) $a-1$ E) $\dfrac{(a+1)^2}{a-1}$

12. $\left(\dfrac{1}{x}+\dfrac{1}{y}\right) : \left(\dfrac{x^2-y^2}{xy}\right) =?$

A) $x-y$ B) $x+y$ C) $\dfrac{1}{x-y}$ D) $\dfrac{1}{x+y}$ E) $\dfrac{x-y}{xy}$

13. $\left(\dfrac{(a+b)^2-4ab}{a^2-ab}\right) : \left(\dfrac{a}{b}-1\right) =?$

A) ab B) $a-b$ C) b D) $\dfrac{a}{b}$ E) $\dfrac{b}{a}$

14. $\left(\dfrac{x^4-y^4}{2x}\right) \cdot \left(\dfrac{1}{x+y}+\dfrac{1}{x-y}\right) =?$

A) $x+y^2$ B) x^2-y^2 C) $\dfrac{x+y}{x}$

D)$x^2 + y^2$ E)$\frac{x^2-y^2}{2}$

15. $\dfrac{b+\frac{a^2}{b}+a}{\frac{1}{a}+\frac{1}{b}} : \dfrac{a^3-b^3}{a^2-b^2} = ?$

A)b B)$a-b$ C)$a+b$
   D)a E)$\frac{1}{a}$

16. $\dfrac{x^4-5x^2+4}{x^2-x-2} : \dfrac{x^2+x-2}{x} = ?$

A)1 B)$\frac{x}{x+1}$ C)x D)$\frac{x+1}{x-2}$ E)$\frac{x}{x-2}$

17. $\left(\dfrac{3x^2-20}{x-5} + \dfrac{x^2+30}{5-x}\right) : \left(1+\dfrac{5}{x}\right) = ?$

A)2 B)x C)$\frac{x}{2}$ D)$2x$ E)$x-5$

18. $\dfrac{a^3-b^3}{a^2+ab+b^2} : \dfrac{a^2+ab-2b^2}{a^2+2ab} = ?$

A)1 B)a C)B D)$a+b$ E)$\frac{a-b}{a}$

19. $\left(\dfrac{2x}{x^2-1} - \dfrac{x}{1-x} - \dfrac{1}{x+1}\right) \cdot \left(1-\dfrac{1}{x}\right) = ?$

A)$\frac{x-1}{x+1}$ B)$\frac{x+1}{x}$ C)$2x-1$

D)$\frac{x}{x+1}$ E)$x-3$

20. $\left(\dfrac{4}{x^2-4} - \dfrac{1}{x+2} - \dfrac{1}{x-2}\right) : \dfrac{x-1}{x^2+x-2} = ?$

A) -2 B) 4 C) $x-2$ D) $x+1$ E) $x-3$

21. $\dfrac{a^2b^2 - a^2 - b^2 + 1}{(ab+1)^2 - (a+b)^2} = ?$

A) 1 B) a C) ab D) b E) $2ab$

Answers					
1.E	2.A	3.C	4.C	5.A	6.C
7.D	8.E	9.D	10.E	11.D	12.C
13.E	14.D	15.D	16.C	17.D	18.B
19.E	20.A	21.A			

TEST 4

1. $a + b = 2 \Rightarrow a^3 + b^3 + 6ab = ?$

A) 2   B) 4   C) 8   D) 16   E) 14

2. $x, y \in Z^+$,

$x^2 - y^2 = 19 \Rightarrow 2x - y = ?$

A) 11   B) 13   C) 17   D) 21   E) 30

3. $a - b = 7 a^2 - b^2 - 54 = 0 \Rightarrow a = ?$

A) 2   B) 3   C) 38   D) 48   E) 58

4. $\left.\begin{array}{l} x + y = 8 \\ x \cdot y = 8 \end{array}\right\} \Rightarrow x^2 + y^2 = ?$

A) 18   B) 28   C) 38   D) 48   E) 58

5. $9x^2 - 6xy + y^2 = 0 \Rightarrow \frac{x+y}{x-y} = ?$

A) -2 B) -1 C) 0   D) 1   E) 2

6. $a + b = 11, c = 5 \Rightarrow a^2 - c^2 + 2ab + b^2 = ?$

A) 56   B) 69   C) 96   D) 102   E) 112

7. $\left.\begin{array}{l}a-b=10\\a.b=-15\end{array}\right\} \Rightarrow a^2+b^2=?$

A)80 B)70 C)60 D)45 E)35

8. $\left.\begin{array}{l}x+y=17\\x^2-y^2=17\end{array}\right\} \Rightarrow x^3+y^3=?$

A)564 B)517 C)473 D)324 E)257

9. $x+\frac{1}{x}=\frac{5}{2} \Rightarrow \sqrt{x}-\frac{1}{\sqrt{x}}=?$

A)$\frac{\sqrt{2}}{2}$ B)$\frac{\sqrt{2}}{3}$ C)$\frac{\sqrt{3}}{2}$ D)$\frac{\sqrt{3}}{3}$ E)1

10. $\frac{(x+y)^2-4(x+y)}{(x+y)^2-16}=?$

A)$\frac{1}{2}$ B)$\frac{x+y}{x+y+2}$ C)$\frac{3}{7}$ D)$\frac{x+y}{x+y+4}$ E)$\frac{6}{7}$

11. $x,y \in R^+$ $\left.\begin{array}{l}x+y=4\\\frac{1}{x}+\frac{1}{y}=2\end{array}\right\} \Rightarrow x.y=?$

A)0 B)1 C)2 D)3 E)4

12. $\left.\begin{array}{l}x^2-xy=13\\y^2-xy=12\end{array}\right\} \Rightarrow |x-y|=?$

A)6 B)5 C)3 D)2 E)1

13. $a - \frac{1}{a} = \sqrt{3} \Rightarrow a + \frac{1}{a} = ?$

A) $\sqrt{7}$ B) $\sqrt{6}$ C) $2\sqrt{6}$ D) $2\sqrt{7}$ E) $3\sqrt{7}$

14. $(92)^2 - (18)^2 = a \cdot 814 \Rightarrow a = ?$

A) 6   B) 7   C) 8   D) 9   E) 10

15. $\left.\begin{array}{l}a = x^3 - 3x^2y \\ a = y^3 - 3y^2x\end{array}\right\} \Rightarrow (x + y) = ?$

A) x B) $2x$ C) $3x$ D) $4x$ E) $5x$

16. $A = (a-1)^2 - 2(a-1)(b-1) + (b-1)^2$

$B = a^2 - b^2 \Rightarrow \frac{A}{B} = ?$

A) $\frac{a-1}{b+1}$ B) $\frac{a-1}{a+b}$ C) $\frac{a+b}{a-b}$ D) $\frac{a-b}{a+b}$ E) $\frac{a+b}{a+1}$

17. $\frac{x(a^2)+y(a)+z}{a^2+3a-10} = \frac{3a-1}{a-2} \Rightarrow x + y + z = ?$

A) -8 B) -6 C) 6   D) 10   E) 11

18. $a(a+b) = 57$

$b^2\left(\frac{a}{b}+1\right) = 64 \Rightarrow a+b = ?$

A)12   B)11   C)10   D)9   E)8

19. $\left.\begin{array}{l}x - y = 3 \\ x.y = 2\end{array}\right\} \Rightarrow x^3 - y^3 = ?$

A)5   B)15   C)25   D)35   E)45

20. $\left.\begin{array}{l}a + b = -4 \\ \frac{1}{a} + \frac{1}{b} = \frac{1}{3}\end{array}\right\} \Rightarrow a - b = ?$

A) −16   B) −12   C) −10   D) −8   E) −6

21. $\sqrt{a} + \frac{1}{\sqrt{a}} = \sqrt{6} \Rightarrow a^2 + \frac{1}{a^2} = ?$

A)14   B)16   C)20   D)24   E)36

22. $\left.\begin{array}{l}x^2 + xy = 4 \\ y^2 + xy = 12\end{array}\right\} \Rightarrow \frac{x-y}{x+y} = ?$

A) −1   B) $-\frac{1}{2}$ C) $-\frac{2}{3}$ D) $-\frac{3}{4}$ E) $-\frac{4}{3}$

23. $\left.\begin{array}{l}\frac{3}{a} - \frac{2}{b} = 1 \\ \frac{9}{a} + \frac{4}{b} = 1\end{array}\right\} \Rightarrow a.b = ?$

A) −4   B) −9   C) −16   D) −25   E) −36

24. $\dfrac{a^2+3a+x}{(a-1)(a+1)} = \dfrac{a+y}{a+1} \Rightarrow x+y = ?$

A) -4 B) -3 C) -3 D) 0 E) 1

25. $4x^2 + \dfrac{1}{x^2} = 12 \Rightarrow 2x + \dfrac{1}{x} = ?$

A) 3 B) 4 C) 12 D) 16 E) 32

26. $(x+2y)^2 + (y-2)^2 = 0 \Rightarrow x \cdot y = ?$

A) 10 B) 8 C) -6 D) -7 E) -8

27. $a^2 + a = 3 \Rightarrow \dfrac{a^5-a^2}{a^3-a^2} + \dfrac{a^4+a}{a^2-a+1} = ?$

A) 3 B) 4 C) 6 D) 7 E) 10

28. $\dfrac{1}{a} + a = 3 \Rightarrow a^4 + a^3 + a = ?$

A) $8a - 7$ B) $14a - 9$ C) $12a - 3a$

D) $30a - 11$ E) $30a - 19$

29. $a, b \in Z^+, a^2 - b^2 = 29, \; a = Kb \Rightarrow K = ?$

A) $\dfrac{12}{17}$ B) $\dfrac{17}{13}$ C) $\dfrac{15}{14}$ D) $\dfrac{11}{9}$ E) $\dfrac{18}{17}$

Answers					
1.C	2.A	3.B	4.D	5.A	6.C
7.B	8.C	9.A	10.D	11.C	12.B
13.A	14.E	15.B	16.D	17.E	18.B
19.E	20.D	21.A	22.B	23.D	24.C
25.B	26.E	27.D	28.D	29.C	

TEST 5

1. $\left.\begin{array}{l}x^2 - xy = 3 \\ xy - y^2 = 2\end{array}\right\} \Rightarrow |x-y| = ?$

   A) 0   B) 1   C) 2   D) 3   E) 4

2. $\left.\begin{array}{l}a^2 - b^2 = 17 \\ b^2 - c^2 = 19 \\ a + c = 12\end{array}\right\} \Rightarrow a - c = ?$

   A) 3   B) 4   C) 5   D) 6   E) 7

3. $x < 0, y < 0, x < y \in R$

   $2x^2 - xy - 3y^2 = 0 \Rightarrow \dfrac{9y^2 - 4x^2}{x^2 - 3xy} = ?$

   A) -2 B) -1 C) 0   D) 1   E) 2

4. $a + 2b = 5, a \cdot b = 2 \Rightarrow a^3 + 8b^3 = ?$

   A) 28   B) 36   C) 49   D) 65   E) 82

5. $a + b = 11, a - b = 6 \Rightarrow a^2 - b^2 + a + b = ?$

   A) 17   B) 33   C) 48   D) 56   E) 77

6. $x + \dfrac{1}{x} = p \Rightarrow x^2 + \dfrac{1}{x^2} = ?$

A)p^2 B)$2p$ C)$p^2 - 2$ D)$p^2 +$ 2 E)$p^2 - 4$

7. $x - \frac{1}{x} = p \Rightarrow x^2 + \frac{1}{x^2} = ?$

A)$p^2 - 1$ B)$p^2 + 2$ C)$2p + 1$ D)$2p -$ 1 E)$p^2 - 2$

8. $\left.\begin{array}{l} a^2 + ab = 21 \\ ab + b^2 = 15 \end{array}\right\} \Rightarrow a + b = ?$

A)2 B)3 C)4 D)5 E)6

9. $a + b + c = 10$, $ab + ac + bc = 31 \Rightarrow a^2 + b^2 + c^2 = ?$

A)38 B)40 C)48 D)50 E)52

10. $\left(\frac{x}{y} - \frac{y}{x}\right)^2 = 5 \Rightarrow \frac{x}{y} + \frac{y}{x} = ?$

A)1 B)2 C)3 D)4 E)5

11. $\left.\begin{array}{l} x^3 - 3x^2y = 65 \\ 3xy^2 - y^3 = 60 \end{array}\right\} \Rightarrow x - y = ?$

A)3 B)4 C)5 D)6 E)7

12. $a - b = 3, ab = 8 \Rightarrow a^3 - b^3 = ?$

A)72 B)88 C)94 D)99 E)111

13. $a + \frac{1}{a} = 4 \Rightarrow a^3 + \frac{1}{a^3} = ?$

A)42 B)48 C)50 D)52 E)56

14. $a^3 + b^3 = 91, ab(a+b) = 84 \Rightarrow a + b = ?$

A)5 B)6 C)7 D)8 E)9

15. $x = 3 \cdot \sqrt[3]{2} + 1 \Rightarrow x^3 - 3x^2 + 3x = ?$

A)27 B)39 C)47 D)55 E)63

16. $x^2 - 8x + 15 = A \cdot B \Rightarrow \frac{A+b}{2} = ?$

A)$x + 1$ B)$x - 3$ C)$x + 2$ D)$x - 6$ E)$x - 4$

17. $x^2 + mx + 12 = (x - 2) \cdot A \Rightarrow A = ?$

A)$x + 6$ B)$x - 6$ C)$x + 2$ D)$x - 3$ E)$x - 12$

18. $a + b = 1 \Rightarrow \frac{a^2 - 3a + 2}{a + ab - b - 1} = ?$

A)-1 B)$a - b$ C)$2b$ D)1 E)2

145

19. $a + c = 3, b + 2 = 0 \Rightarrow$

$\frac{a+b-c}{a+b+c} : (a^2 - b^2 - c^2 + 2bc) = ?$

A) 6 B) -3 C) 1 D) $\frac{1}{3}$ E) $\frac{1}{5}$

20. $\left. \begin{array}{l} mx + ny = 12 \\ nx + my = 8 \\ m + n = 4 \end{array} \right\} \Rightarrow x + y = ?$

A) 6 B) 5 C) 4 D) 3 E) 2

21. $\left. \begin{array}{l} x + y = 2\sqrt{3} - 1 \\ y - x = \sqrt{3} + 1 \end{array} \right\} \Rightarrow x^2 - y^2 + 2x + 1 = ?$

A) $-\sqrt{6}$ B) 5 C) -6 D) $4\sqrt{3} + 1$ E) 12

22. $x - z = z - y = 3 \Rightarrow x^2 + y^2 - 2z^2 = ?$

A) 6 B) 9 C) 12 D) 15 E) 18

23. $a^2 = 2a - 1 \Rightarrow a^5 = ?$

A) $32a - 1$ B) $5a - 4$ C) $-4a + 3$
D) $a - 18$ E) $7a - 3$

24. $x - \frac{1}{x} = 3 \Rightarrow \left(x^2 + \frac{1}{x^2}\right) = ?$

A)64   B)81   C)100   D)119   E)144

25. $x - \dfrac{1}{x} = 4\sqrt{2} \Rightarrow x + \dfrac{1}{x} = ?$

A)4   B)6   C)$4\sqrt{2}+2$ D)$8\sqrt{2}$ E)18

26. $a = 2^x + 2^y$, $b = 2^x - 2^y$, $a^2 - b^2 = 64 \Rightarrow x + y = ?$

A)1   B)2   C)3   D)4   E)5

27. $a.b \in Z^+$, $9a^2 - b^2 = 23 \Rightarrow a + b = ?$

A)9   B)11   C)13   D)14   E)15

28. $a^2 - 5a - 1 = 0 \Rightarrow a^2 + \dfrac{1}{a^2} = ?$

A)13   B)18   C)25   D)27   E)36

Answers					
1.B	2.A	3.C	4.D	5.E	6.C
7.B	8.E	9.A	10.C	11.C	12.D
13.D	14.C	15.D	16.E	17.B	18.A
19.E	20.B	21.C	22.E	23.B	24.D
25.B	26.D	27.E	28.D		

TEST 6

1. $\dfrac{a^3-9a-a^2b+9b}{a^2-ab-3a+3b} = ?$

A) $a + 3$ B) $a - 3$ C) $3 - a$ D) $a - 9$ E) $a + 9$

2. $(61)^2 - (60)^2 = ?$

A) 121 B) 241 C) 660 D) 1001 E) 3599

3. $\dfrac{a^2}{a-b} + \dfrac{b^2}{b-a} = ?$

A) $2a$ B) b C) $a - b$ D) $\dfrac{a+b}{b-a}$ E) $a + b$

4. $\left(a - \dfrac{b^2}{a}\right) : \left(1 + \dfrac{b}{a}\right) = ?$

A) 1 B) a C) b D) $a - b$ E) $\dfrac{a}{b}$

5. $\left(1 - \dfrac{5}{x}\right) : \left(1 - \dfrac{25}{x^2}\right) = ?$

A) x B) $x - 5$ C) $\dfrac{x}{x+5}$ D) $\dfrac{x}{x-5}$ E) $\dfrac{x-5}{x+5}$

6. $(3x^2 - 3)^2 - (2x^2 - 2)^2 = ?$

A) 5 B) $x - 1$ C) $x + 1$ D) $x^2 + 1$ E) $5(x^2 - 1)^2$

7. $\dfrac{x^2-2x-3}{x-3}=?$

A) $x-1$ B) $x+2$ C) $x+1$ D) $x-3$ E) $x+4$

8. $\dfrac{1+\frac{1}{a}+\frac{1}{a^2}}{1+2a+a^2} : \dfrac{a^3-1}{a^5-a^3}=?$

A) $\dfrac{1}{1+a}$ B) $\dfrac{1}{a(a+1)}$ C) $\dfrac{a}{a+1}$ D) $\dfrac{a^2}{a-1}$ E) $\dfrac{a+1}{a-1}$

9. $\dfrac{a^3-a^2b+b^3-ab^2}{a^2-2ab+b^2}=?$

A) $\dfrac{a}{b}$ B) b C) a D) $a-b$ E) $a+b$

10. $x \in R^+$, $x-x^{-1}=2\sqrt{5} \Rightarrow x+\dfrac{1}{x}=?$

A) 4   B) $4\sqrt{3}$ C) $3\sqrt{5}$ D) 8   E) $2\sqrt{6}$

11. $(3x+2)^3 = 27x^3+mx^2+nx+8 \Rightarrow m+n=?$

A) 54   B) 60   C) 70   D) 80   E) 90

12. $\dfrac{(x-2)^3}{x^3-8} : \dfrac{x^2-4x+4}{x^2+2x+4}=?$

A) 1   B) $x-2$ C) x^2-4 D) $(x-2)^2$ E) $x+2$

13. $\dfrac{x^2+x-6}{x^3-8} : \dfrac{2x^2+6x}{x^2+2x+4} = ?$

A) $2x$ B) $\dfrac{1}{2x}$ C) $x+3$ D) $x(x+2)$ E) x^2-2x

14. $\dfrac{x^6-y^6}{x^4+x^2y^2+y^4} = ?$

A) x^2+y^2 B) x^2-y^2 C) x^3-y^3 D) $\dfrac{x^3+y^2}{x-y}$ E) x^2y^2

15. $\left(x^2+xy+y^2+\dfrac{2y^3}{x-y}\right) : \left(x+\dfrac{y^2}{x-y}\right) = ?$

A) $x+y$ B) $x-y$ C) $\dfrac{x+y}{x-y}$ D) $\dfrac{y^2}{x+y}$ E) y^2

16. $\dfrac{a^4b-ab^4}{a^3b+a^2b^2+ab^3} : \dfrac{a^2-3ab+2b^2}{4b^2-a^2} = ?$

A) $a+b$ B) $2a-b$ C) $-a-2b$ D) $a-3b$ E) $a-b$

17. $\dfrac{m^3+m^2n+mn^2}{m^3+mn^2} : \dfrac{m^3-n^3}{m^4-n^4} = ?$

A) $m-n$ B) m^2+n^2 C) n D) m E) $m+n$

18. $\dfrac{a^3-16a-a^2b+16b}{a^2-ab-4a+4b} =?$

A) $a+4$ B) $a-4$ C) $16-a$ D) $a+16$ E) a^2-16

19. $\left(\dfrac{61^2-59^2}{31^2-29^2}\right)^3 =?$

A) 1 B) 8 C) 27 D) 64 E) 125

20. $\left(\dfrac{3}{2x-1}-\dfrac{1}{x+2}-\dfrac{5}{2x^2+3x-2}\right)\cdot(4x^2-1) =?$

A) 1 B) 0 C) $2x-1$ D) $2x+1$ E) $\dfrac{1}{x-1}$

21. $\left(\dfrac{1}{x-y}-\dfrac{1}{x+y}+\dfrac{2y}{x^2-y^2}\right)(x^2-y^2) =?$

A) y B) $4y$ C) $x-y$ D) 1 E) $1-2y$

22. $\left(\dfrac{4-\frac{1}{x^2}}{2-\frac{1}{x}}\right)\cdot\left(\dfrac{x^2}{2x^2+x}\right) =?$

A) $\dfrac{1}{x}$ B) x C) x^2 D) $1-x$ E) 1

Answers

1.A	2.A	3.E	4.D	5.C	6.E
7.C	8.D	9.E	10.E	11.E	12.A
13.B	14.B	15.A	16.C	17.E	18.A
19.B	20.D	21.B	22.E		

EXPONENTIAL

Definition: Provided that $n \in R$ and $x \in R - \{0\}$ the number $x^n X.X.X....X$ is called the nth power of x.

X is called bese and n is called power.

(PROPERTIES)

$x, y \in R - \{0\}$

$x = x^1$

$x.x = x^2$

$x.x.x = x^3$

$x.x.x.x = x^4$

$x.x.x............x = x^n$ (n times)

1. $x^n . x^m = x^{m+n}$

(**Example**):

$9^4 . 81^5 . 243^7 = ?$

(**Solution**):

$9^4 . 81^5 . 243^7 = 3^{2.4} . 3^{4.5} . 3^{5.7}$

$\qquad = 3^8 . 3^{20} . 3^{35}$

$\qquad = 3^{8+20+} = 3^{63}$

(**Example**):

$$\left.\begin{array}{r}4^{\frac{x}{2}+y}=4\\2^{x-2y}=9\end{array}\right\} \Rightarrow 2^x=?$$

A) 6   B) 8   C) 10   D) 12   E) 16

(**Solution**):

$$4^{\frac{x}{2}}=4 \Rightarrow 2^{x+2y}=4$$

$$(2^{x+2y}).(2^{x-2y})=4.9$$

$$2^{x+2y+x-2y}=36$$

$$2^{2x}=6^2 \Rightarrow 2^x=6$$

2. $\dfrac{x^n}{x^m}=x^{n-m}=\dfrac{1}{x^{m-n}} \; (x \neq 0)$

(**Example**):

$$\frac{(-2)^{13}-2^{14}}{2^{13}}=?$$

(**Solution**):

$$\frac{(-2)^{13}-2^{14}}{2^{13}}=\frac{-2^{13}-2^{13}.2}{2^{13}}=\frac{2^{13}(-1-2)}{2^{13}}=-3$$

(**Example**):

$$\frac{\left(-\frac{1}{2}\right)^3 \cdot \left(\frac{2}{3}\right)^3 \cdot (-2)^3}{(-2^2) \cdot \left(-\frac{1}{3}\right)^2}=?$$

(**SOlution**):

$$\frac{-\frac{1}{8} \cdot \frac{8}{27} \cdot 4}{-4 \cdot \frac{1}{9}}=\frac{1}{2} \cdot \frac{8}{27} \cdot \frac{9}{1} \cdot \frac{1}{4}=\frac{1}{3}$$

(**Example**):

$$\frac{5^x+10^x+15^x}{2^x+4^x+6^x} = \frac{8}{125} \Rightarrow x = ?$$

(**Solution**):

$$\frac{5^x+2^x.5^x+3^x.5^x}{2^x+2^x.2^x+2^x.3^x} = \frac{8}{125}$$

$$\frac{5^x.(1+2^x+3^x)}{2^x(1+2^x+3^x)} = \frac{8}{125} \Rightarrow \left(\frac{5}{2}\right)^x = \left(\frac{5}{2}\right)^{-3}$$

$$x = -3$$

(**Example**):

$$\frac{9^{n-2}}{3^{2n}.3^{-1}} + \frac{3^{m-1}}{3^m} = ?$$

(**Solution**):

$$\frac{9^n.9^{-2}}{3^{2n}.3^{-1}} + \frac{3^m.3^{-1}}{3^m} = \frac{9^n.3}{9^n.81} + \frac{1}{3}$$

$$= \frac{1}{27} + \frac{1}{3} = \frac{1+9}{27} = \frac{10}{27}$$

3. $(x.y)^n = x^n.y^n$

(**Example**):

$a > 1, b > 1$

$$\left.\begin{array}{l} a^{x-y} = b^9.a^{11} \\ b^{x-y} = a^8.b^{10} \end{array}\right\} \Rightarrow x - y = ?$$

A) 35   B) 27   C) 21   D) 19   E) 17

(**Solution**):

$a^{x-y} = b^9.a^{11}$

$$\frac{b^{x-y}}{x} = \frac{a^8.b^{10}}{x}$$

$(a.b)^{x-y} = (a.b)^{19}$

$x - y = 19$

4. $\left(\dfrac{x}{y}\right)^n = \dfrac{x^n}{y^n}$

(**Example**):

$9^a = x \ (and) \ 3^{a+2} = y \Rightarrow y^2 = ?$

$3^{a+2} = y \Rightarrow 3^a.3^2 = y \Rightarrow 3^a = \dfrac{y}{9}$

$9^a = x \Rightarrow (3^a)^2 = x$

$\left(\dfrac{y}{9}\right)^2 = x$

$= y^2 = 81.x$

5. $(x^n)^m = (x^m)^n = x^{m.n}$

(**Example**):

$a, b \in Z - \{0,1\}$

$a^b = \dfrac{1}{343} \Rightarrow a + b = ?$

A)2 B)4 C)6 D)8 E)10

(**Solution**):

$a^b = \dfrac{1}{7^3} \Rightarrow a^b = 7^{-3}$

$a^b = 7^{-3} \Rightarrow a = 7 \ (and) \ b = -3$

$a + b = 7 - 3 = 4$

6. $x^n = x^m \Rightarrow n = m, \begin{pmatrix} x \neq 0 \\ x \neq 1 \\ x \neq -1 \end{pmatrix}$

(**Example**):

$(x-3)^{3x-1} = (x-3)^{2x+4} \Rightarrow x = ?$

A) 9 B) 8 C) 7 D) 6 E) 5

(**Solution**):

(To satify the given equation, base must be equal to 1.)

$x - 3 = 1$

$x = 4$

(Morever since the bases are equal, power must be equal to each other)

$3x - 1 = 2x + 4 \Rightarrow x = 5$

$\sum x = 2x + 4 \Rightarrow x = 5$

7. $\left(\dfrac{x}{y}\right)^{-n} = \left(\dfrac{y}{x}\right)^{n} \; : \; x^{-n} = \dfrac{1}{x^n} \, , (x \neq 0)$

(**Example**):

$a^{-\frac{3}{2}} = 64 \Rightarrow a = ?$

(**Solution**):

$a^{-\frac{3}{2}} = 4^3 \Rightarrow a^{-\frac{3}{2}\left(-\frac{2}{3}\right)} = 4^{3\left(-\frac{2}{3}\right)}$

$a = 4^{-2} \Rightarrow a = \dfrac{1}{4^2} = \dfrac{1}{16}$

(**Example**):

$\dfrac{3}{2^{1-x}} = 27 \Rightarrow ? < x < ?$

(**Solution**):

$\dfrac{3}{2 \cdot 2^{-x}} = 27 \Rightarrow 3 \cdot 2^x = 2 \cdot 27$

$$\Rightarrow 2^x = 18$$

$16 < 18 < 32$

$2^4 < 2^x < 2^5$

$4 < x < 5$

8. $\quad a.x^m + b.x^m - c.x^m = x^m(a + b - c)$

(**Example**):

$4.2^{a+1} - 3.2^{a+3} + 8.2^{a+2} = ?$

(**Solution**):

$4.2^a.2 - 3.2^a.2^3 + 8.2^a.2^2$

$2^a.(8 - 24 + 32)$

$2^a.16 = 2^a.2^4 = 2^{a+4}$

(**Example**):

$(3^2)^5 + (-3^2)^5 - (-3^2)^5 + (-3^{-5})^{-2} = ?$

(**Solution**):

$= (3^2)^5 + (-3^2)^5 - (-3^2)^5 + (-3^{-5})^{-2}$

$= 3^{10} + (-3^{10}) - (-3^{10}) + (3^{10})$

$= 3^{10} - 3^{10} + 3^{10} + 3^{10}$

$= 2.3^{10}$

(**Example**):

$\dfrac{1}{2^{x+1}} + \dfrac{6}{2^x} + \dfrac{2}{2^{x-2}} = 64 \Rightarrow x = ?$

(**Solution**):

$\dfrac{1}{2^x.2^{-1}} + \dfrac{6}{2^x} + \dfrac{2}{2^x.2^{-2}} = 64$

$$\frac{2}{2^x} + \frac{6}{2^x} + \frac{8}{2^x} = 64$$

$$\frac{16}{2^x} = 64$$

$$\frac{1}{2^x} = 4$$

$$2^{x+2} = 1 \Rightarrow x + 2 = 0 \Rightarrow x = -2$$

9. $(-a)^{2n} = a^{2n} \quad (n \in N)$

$(-a)^{2n+1} = -a^{2n+1}$

(Example):

$$\frac{(-2)^3 + (-2^2)}{\left(\frac{1}{2}\right)^{-2} + \frac{1}{2^{-3}}} = ?$$

A) 1 B) -1 C) 2 D) -2 E) 3

(Solution):

$$\frac{(-2)^3 + (-2^2)}{\left(\frac{1}{2}\right)^{-2} + \frac{1}{2^{-3}}} = \frac{-8 + (-4)}{(2)^2 + 2^3} = \frac{-8 - 4}{4 + 8} = \frac{-12}{12} = -1$$

(Example):

$$\frac{(-2)^{-2} - 3^{-1} + 2^{-2}}{6^{-2}} = ?$$

A) 2 B) 4 C) 6 D) 8 E) 10

(Solution):

$$\frac{(-2)^{-2} - 3^{-1} + 2^{-2}}{6^{-2}} = \frac{\left(\frac{1}{2}\right)^2 - \frac{1}{3} + \frac{1}{2^2}}{\frac{1}{6^2}} = \frac{\frac{1}{4} - \frac{1}{3} + \frac{1}{4}}{\frac{1}{36}}$$

$$= \frac{\frac{3-4+3}{12}}{\frac{1}{36}} = \frac{2}{12} \cdot \frac{36}{1} = 2.3 = 6$$

(**Example**):

$$\frac{[(-2)^{-2}]^2 \cdot \left[\left(\frac{1}{2}\right)^3\right]^{-1}}{\left[\left(-\frac{1}{2}\right)^{-1}\right]^2} = ?$$

A) $\frac{1}{8}$ B) $\frac{1}{6}$ C) $\frac{1}{4}$ D) $\frac{1}{2}$ E) 1

(**Solution**):

$$\frac{[(-2)^{-2}]^2 \cdot \left[\left(\frac{1}{2}\right)^3\right]^{-1}}{\left[\left(-\frac{1}{2}\right)^{-1}\right]^2} = \frac{\left(\frac{1}{4}\right)^2 \cdot \left(\frac{1}{8}\right)^{-1}}{((-2))^2} = \frac{\frac{1}{16} \cdot 8}{4}$$

$$= \frac{\frac{1}{2}}{4} = \frac{1}{2} \cdot \frac{1}{4} = \frac{1}{8}$$

(TEST WITH SOLUTIONS)

1. $(-2^2) + (-5)^2 + (-5^2) - (-2)^3 = ?$

A) -12 B) 4 C) 46 D) 62 E) 38

(Solution):

$= -4 + 25 - 25 - (-8) = 4$

2. $\dfrac{(-2)^3 \cdot (-3)^{-2}}{-3^2} = ?$

A) $-8/27$ B) 8 C) $-$ D) 27 E) 9

(Solution):

$\dfrac{(-2)^3 \cdot (-3)^{-2}}{-3^2} = \dfrac{-8 \cdot \frac{1}{(-3)^2}}{-\frac{1}{3^2}} = \dfrac{-\frac{8}{9}}{-\frac{1}{9}} = 8$

3. $(-a)^{-2} \cdot (a^{-3}) \cdot (-a^{-2}) \cdot (-a^4) = ?$

A) a^3 B) $-a^3$ C) $-a^{-3}$ D) $-a^5$ E) a^{-3}

(Solution):

$(-a)^{-2} \cdot (a^{-3}) \cdot (-a^{-2}) \cdot (-a^4)$

$= \dfrac{1}{(-a)^2} \cdot a^{-3} \cdot \left(-\dfrac{1}{a^2}\right) \cdot (-a^4) = \dfrac{a^{-3}}{a^2} \cdot \dfrac{a^4}{a^2} = a^{-3}$

4. $\left[(2^{-1}+3^{-1})^{-1}+\left(\frac{5}{4}\right)^{-1}\right]^{-2} = ?$

A) $\frac{1}{16}$ B) $\frac{1}{8}$ C) $\frac{1}{4}$ D) $\frac{1}{2}$ E) 1

(**Solution**):

$$\left[(2^{-1}+3^{-1})^{-1}+\left(\frac{5}{4}\right)^{-1}\right]^{-2} = \left[\left(\frac{1}{2}+\frac{1}{3}\right)^{-1}+\frac{4}{5}\right]^{-2}$$

$$= \left[\left(\frac{5}{6}\right)^{-1}+\frac{4}{5}\right]^{-2}$$

$$= \left(\frac{6}{5}+\frac{4}{5}\right)^{-2}$$

$$= 2^{-2} = \frac{1}{4}$$

5. $\dfrac{\left(-\frac{1}{2}\right)^{-2}+\left(-\frac{1}{2}\right)^{-3}}{\left(-\frac{1}{3}\right)^{2}-\left(-\frac{1}{3}\right)^{3}} = ?$

A) $\frac{2}{27}$ B) $\frac{27}{16}$ C) -27 D) -54 E) -108

(**Solution**):

$$= \frac{(-2)^2+(-2)^3}{\frac{1}{9}-\left(-\frac{1}{27}\right)} = \frac{4+(-8)}{\frac{1}{9}+\frac{1}{27}} = \frac{-4}{\frac{4}{27}}$$

$$= -27$$

6. $\dfrac{10^8-10^6}{5^8-5^6}=?$

A) 4 B) 99 C) 192 D) 264 E) 256

(**Solution**):

$$\dfrac{10^8-10^6}{5^8-5^6}=\dfrac{10^6(10^2-1)}{5^6(5^2-1)}=\dfrac{10^6\cdot 99}{5^6\cdot 24}$$

$$=\left(\dfrac{10}{5}\right)^6\cdot\dfrac{99}{24}=2^6\cdot\dfrac{99}{24}$$

$$=64\cdot\dfrac{99}{24}=264$$

7. $\dfrac{a^{n+2}-a^{2-n}}{a^{n+3}-a^{3-n}}=?$

A) $\dfrac{1}{a}$ B) a^{-n} C) a D) a^{-n} E) a^{2n-1}

(**Solution**):

$$\dfrac{a^{n+2}-a^{2-n}}{a^{n+3}-a^{3-n}}=\dfrac{a^n\cdot a^2-a^2\cdot a^{-n}}{a^n\cdot a^3-a^3\cdot a^{-n}}$$

$$=\dfrac{a^2(a^n-a^{-n})}{a^3(a^n-a^{-n})}$$

$$=a^{2-3}=a^{-1}=\dfrac{1}{a}$$

8. $\dfrac{2\cdot 3^{x+1}+3^{x-1}-3^{x+2}}{4\cdot 3^{x-1}}=?$

A) -2 B) -1 C) 0 D) 1 E) 2

(**Solution**):

$$\frac{2.3^{x+1}+3^{x-1}-3^{x+2}}{4 \cdot 3^{x-1}} = \frac{2.3^x \cdot 3 + 3^x \cdot 3^{-1} - 3^x \cdot 3^1}{4 \cdot 3^x \cdot 3^{-1}}$$

$$= \frac{3^x(6+\frac{1}{3}-9)}{3^x \cdot \frac{4}{3}}$$

$$= \frac{-\frac{8}{3}}{\frac{4}{3}}$$

$$= -2$$

9. $2^x + 2^{x+1} = m \cdot 2^{x+2} \Rightarrow m = ?$

A) $\frac{1}{8}$ B) $\frac{1}{4}$ C) $\frac{2}{3}$ D) $\frac{3}{4}$ E) $\frac{7}{8}$

(**Solution**):

$$m = \frac{2^x + 2^{x+1}}{2^{x+2}}$$

$$= \frac{2^x(1+2)}{2^x \cdot 2^2}$$

$$= \frac{3}{4}$$

10. $a, b \in Z$

$$\frac{8^3 \cdot 6^4}{18^2} = 2^a \cdot 3^b \Rightarrow a+b = ?$$

A) 8   B) 10   C) 11   D) 12   E) 15

(**Solution**):

$$\frac{8^3 \cdot 6^4}{18^2} = 2^a \cdot 3^b = \frac{(2^3)^3 \cdot 2^4 \cdot 3^4}{3^4 \cdot 2^2} = 2^a \cdot 3^b$$

$2^{13-2} \cdot 3^{4-4} = 2^a \cdot 2^b$

$2^{11} \cdot 3^0 = 2^a \cdot 3^b$

$a = 11, b = 0$

$a + b = 11$

11. $(4^{a+1} - 2^{2a}) : (3 \cdot 2^{3a}) = ?$

A) $2a$ B) $\frac{1}{2}$ C) $2\frac{1}{3}$ D) 2^{-a} E) 2^a

(**Solution**):

$\dfrac{4^{a+1} - 2^{2a}}{3 \cdot 2^{3a}} = \dfrac{(2^2)^{a+1} - 2^{2a}}{3 \cdot 2^{3a}}$

$= \dfrac{2^{2a+2} - 2^{2a}}{3 \cdot 2^{3a}} = \dfrac{2^{2a}(2^2 - 1)}{3 \cdot 2^{2a} \cdot 2^a}$

$= \dfrac{3}{3 \cdot 2^a}$

$= \dfrac{1}{2^a} = 2^{-a}$

12. $2^a = 50 \Rightarrow 2^{2a-2} = ?$

A) 125 B) 250 C) 500 D) 625 E) 750

(**SOlution**):

$2^a = 50$

$2^{2a-2} = 2^{2a} \cdot 2^{-2} = (2^a)^2 \cdot \dfrac{1}{2^2}$

$= 50^2 \cdot \dfrac{1}{4}$

$= \dfrac{2500}{4} = 625$

13. $16^{\frac{x}{2}} = 256 \Rightarrow x = ?$

A) 2 B) 3 C) 4 D) 6 E) 8

(**Solution**):

$16^{\frac{x}{2}} = 256$

$(2^4)^{\frac{x}{2}} = 2^8 \Rightarrow 2^{2x} = 2^8$

$2x = 8$

$x = 4$

14. $\dfrac{5^x}{2^{x+1}} = \dfrac{1}{4} \Rightarrow \left(\dfrac{4}{25}\right)^{2x} = ?$

A) $\dfrac{2}{5}$ B) $\dfrac{1}{5}$ C) 0   D) 16   E) $\dfrac{625}{16}$

(**Solution**):

$\dfrac{5^x}{2^{x+1}} = \dfrac{1}{4} \Rightarrow \dfrac{5^x}{2^x} = \dfrac{1}{2}$

$\left(\dfrac{4}{25}\right)^{2x} = \left(\dfrac{2}{5}\right)^{4x} = \left(\dfrac{2^x}{5^x}\right)^4 = \left(\dfrac{5^x}{2^x}\right)^{-4}$

$\phantom{\left(\dfrac{4}{25}\right)^{2x}} = \left(\dfrac{1}{2}\right)^{-4} = 16$

15. $2^{-x} = 3 \Rightarrow 27 \cdot 2^{2x+1} = ?$

A) $\dfrac{16}{3}$ B) 6   C) 3   D) 7   E) 9

(**Solution**):

$2^{-x} = 3$

$27 \cdot 2^{2x+1} = 27 \cdot 2^{2x} \cdot 2$

$= 27 \cdot (2^x)^2 \cdot 2$

$= 27 \cdot (2^{-x})^{-2} \cdot 2$

$= 54 \cdot 3^{-2}$

$= \dfrac{54}{9} = 6$

16. $\dfrac{1,44}{10^{n+1}} = 0,00014 \Rightarrow n = ?$

A) 3 B) 4 C) -4 D) 0 E) -5

(**Solution**):

$\dfrac{1,44}{10^{n+1}} = 0,00014$

$\dfrac{144 \cdot 10^{-2}}{10^{n+1}} = 144 \cdot 10^{-6}$

$10^{-2-n-1} = 10^{-6} \Rightarrow -3 - n = -6$

$\qquad\qquad n = 3$

17. $3 \cdot 2 \cdot 10^n = 0.0000032 \Rightarrow n = ?$

A) 4 B) 5 C) 6 D) -6 E) -7

(**Solution**):

$3,2 \cdot 10^n = 0,0000032$

$3,2 \cdot 10^n = 3,2 \cdot 10^{-6}$

$10^n = 10^{-6} \Rightarrow n = -6$

18. $2^x - 2^{x+1} + 2^{x+2} = 384 \Rightarrow x = ?$

A) 3 B) 5 C) 6 D) 7 E) 8

(**Solution**):

$2^x - 2^{x+1} + 2^{x+2} = 384$

$2^x - 2^x \cdot 2 + 2^x \cdot 2^2 = 384$

$2^x(1 - 2 + 4) = 384$

$2^x = \frac{384}{3} = 128$

$2^x = 2^7 \Rightarrow x = 7$

(QUESTIONS)

1. $\dfrac{1-2x^3}{x^m} + \dfrac{2-3x}{x^{m-3}} + \dfrac{3}{x^{m-4}} = ?$

A) $\dfrac{1}{x^m}$ B) $\dfrac{2}{x^m}$ C) $\dfrac{3}{x^m}$ D) $\dfrac{4}{x^m}$ E) $\dfrac{5}{x^m}$

(**Solution**):

$\dfrac{1-2x^3}{x^m} + \dfrac{2-3x}{x^{m-3}} + \dfrac{3}{x^{m-4}}$

$\dfrac{1-2x^3}{x^m} + \dfrac{x^3(2-3x)}{x^m} + \dfrac{3x^4}{x^m}$

$= \dfrac{1-2x^3+2x^3-3x^4+3x^4}{x^m}$

$= \dfrac{1}{x^m}$

2. $\dfrac{x^4-2a^2x^3+a^4x^2}{a^4-2a^2x+x^2} = ?$

A) 1 B) a C) x^2 D) x E) $\dfrac{1}{x}$

(**Solution**):

$\dfrac{x^4-2a^2x^3+a^4x^2}{a^4-2a^2x+x^2} = \dfrac{x^2(x^2-2a^2x+a^4)}{a^4-2a^2x+x^2}$

$= x^2$

3. $\dfrac{a^{m+2} \cdot a^{n-1}}{a^{m+n}} = ?$

A) a B) a^m C) a^n D) a^{m-n} E) a^{m+n}

(**Solution**):

$$\frac{a^{m+2} \cdot a^{n-1}}{a^{m+n}} = a^{m+2+n-1-m-n}$$

$$= a^1 = a$$

4. $12^{x+1} = 72$

   $\Rightarrow 12^{x-1} = ?$

A) $\frac{1}{2}$ B) 1 C) 6 D) 12 E) 36

(**Solution**):

$12^{x+1} = 72 \Rightarrow 12^x \cdot 12 = 72$

$12^{x-1} = 12^x \cdot 12^{-1}$

$= 6 \cdot \frac{1}{12}$

$= \frac{1}{2}$

5. $\frac{2^{x+1}+4}{2^x+2} = ?$

A) 4 B) 2 C) 2^{-1} D) 2^x E) 2^{-x}

(**Solution**):

$\frac{2^{x+1}+4}{2^x+2} = \frac{2^x \cdot 2 + 2^2}{2^x+2} = \frac{2 \cdot (2^x+2)}{2^x+2}$

$= 2$

6. $2^x = a$

$2^{2(x+2)} = ?$

A) $\dfrac{1}{4a}$ B) $\dfrac{1}{2a}$ C) 2^a D) 2^{2a} E) 2^{4a}

(**Solution**):

$2^x = a$

$2^{2(x+2)} = 2^{2x} \cdot 2^2$

$= 2^{4a}$

7. $-(3)^2 + (-2)^3 + (-4)^2 = ?$

A) -17 B) -15 C) -2 D) -1 E) 15

(**Solution**):

$-(3)^2 + (-2)^3 + (-4)^2 = -9 - 8 + 16$

$\qquad\qquad = -1$

8. $3^{2x-1} = 12$

$3^{x-1} = ?$

A) 2 B) 4 C) 6 D) 8 E) 10

(**Solution**):

$3^{2x-1} = 12 \Rightarrow 3^{2x} \cdot 3^{-1} = 12$

$(3^x)^2 = 36$

$3^x = 6$

$3^{x-1} = 3^x \cdot \dfrac{1}{3}$

$6 \cdot \dfrac{1}{3}$

$= 2$

9. $3^{x-1} = a$

$\Rightarrow \dfrac{27^x}{9} = ?$

A) a^2 B) a^3 C) $3a^3$ D) $9a^3$ E) $27a^3$

(**Solution**):

$3^{x-1} = a \Rightarrow 3^x = 3a$

$\dfrac{27^x}{9} = \dfrac{(3^3)^x}{9} = \dfrac{(3^x)^3}{9} = \dfrac{(3a)^3}{9} = \dfrac{27 \cdot 3}{9}$

$\qquad = 3a^3$

10. $\dfrac{4{,}7 \cdot 10^{-6}}{0{,}047} = 10^x \Rightarrow x = ?$

A) -4 B) -3 C) -2 D) -1 E) 0

(**Solution**):

$\dfrac{4{,}7 \cdot 10^{-6}}{4{,}7 \cdot 10^{-2}} = 10^x \Rightarrow 10^{-4} = 10^x \Rightarrow x = -4$

11. $\dfrac{(xy)^{n-4}}{(xy)^n} = 2 \Rightarrow \dfrac{1}{x^2 y^2} = ?$

A) 1 B) 2 C) 3 D) $\sqrt{2}$ E) $\sqrt{3}$

(**Solution**):

$\dfrac{(xy)^{n-4}}{(xy)^n} = 2 \Rightarrow (xy)^{n-4-n} = 2$

$(xy)^{-4} = 2$

$\dfrac{1}{(xy)^4} = 2$

$\dfrac{1}{x^4 y^4} = 2 \Rightarrow \dfrac{1}{x^2 y^2} = \sqrt{2}$

12. $\dfrac{1}{3^{-x}} = 5 \Rightarrow 9^{x+1} = ?$

A) 144   B) 169   C) 175   D) 200   E) 225

(**Solution**):

$\dfrac{1}{3^{-x}} = 5 \Rightarrow 3^x = 5$

$9^{x+1} = (3^2)^{x+1}$

$= 3^{2x+2}$

$= 3^{2x} \cdot 3^2$

$= (3^x)^2 \cdot 9 = 5^2 \cdot 9 = 225$

13. $32^{x-3} = 243$

$\Rightarrow 2^{x+1} = ?$

A) 16   B) 29   C) 36   D) 48   E) 64

(**Solution**):

$32^{x-3} = 243$

$\Rightarrow (2^5)^{x-3} = 3^5$

$(2^{x-3})^5 = 3^5$

$2^{x-3} = 3$

$\frac{2^x}{2^3} = 3$

$2^x = 24$

$2^{x+1} = 2^x \cdot 2$

$24 \cdot 2 = 48$

14. $2^{x+4} + 2^{x+1} + 2^x = 304$

$\Rightarrow x = ?$

A) 3 B) 4 C) 5 D) 6 E) 7

(**Solution**):

$2^x \cdot 2^4 + 2^x \cdot 2 + 2^x = 304$

$2^x(16 + 2 + 1) = 304$

$2^x \cdot 19 = 304$

$2^x = 16 = 2^4$

$x = 4$

15. $x^a = \sqrt{5} \Rightarrow x^{-4a} = ?$

A) $\frac{1}{125}$ B) $\frac{1}{25}$ C) $\frac{1}{5}$ D) 5 E) 25

(**SOlution**):

$x^a = \sqrt{5}$

$x^{-4a} = (x^a)^{-4} = (\sqrt{5})^{-4}$

$= \left(5^{\frac{1}{2}}\right)^{-4} = 5^{-2} = \frac{1}{25}$

16. $0,00758 = 75,8 \cdot 10^{-a} \Rightarrow a = ?$

A) 6　　　B) 5　　　C) 4　　　D) -5　　　E) -6

(**Solution**):

$75,8 \cdot 10^{-4} = 75,8 \cdot 10^{-a}$

$10^{-4} = 10^{-a}$

$4 = a$

17. $15^{12} \cdot 625^x = 3^{12} \Rightarrow x = ?$

A) -6　　　B) -5　　　C) -3　　　D) -2　　　E) -1

(**Solution**):

$3^{12} \cdot 5^{12} \cdot 5^{4x} = 3^{12}$

$5^{(12+4x)} = 1 = 5^0$

$12 + 4x = 0$

$x = -3$

TESTS 1

1. $2^{3a+9} = 8^{-b-3} \Rightarrow a+b = ?$

A) 0   B) -2 C) 4   D) -6 E) 12

2. $\dfrac{(-2)^2 \cdot 2^3 \cdot 2^{-9}}{8^{-3}} = ?$

A) 2   B) 4   C) 16   D) 32   E) 64

3. $10^x = 16$

$2^{x-1} \cdot 5^{x+3} = ?$

A) 125   B) $\dfrac{125}{2}$ C) 250   D) 625   E) 1000

4. $2^{a+4} = 6$

$3^{2b+1} = 12 \Rightarrow 3^{ba-2} = ?$

A) $\dfrac{1}{8}$ B) $\dfrac{3}{4}$ C) $\dfrac{1}{24}$ D) 2   E) 12

5. $5^{2a-b} = 625$

$2^{2a+b} = 128 \Rightarrow a \cdot b^{-1} = ?$

A) $\dfrac{3}{2}$ B) $\dfrac{4}{9}$ C) $\dfrac{11}{4}$ D) $\dfrac{11}{6}$ E) 5

6. $6^{x-1} = 3^{x-2} \Rightarrow 2^x = ?$

A) $\frac{1}{2}$ B) $\frac{2}{3}$ C) $\frac{4}{9}$ D) $\frac{3}{4}$ E) 3

7. $\dfrac{2^x}{3^{-x}+3^{-x}+3^{-x}} = 72 \Rightarrow x = ?$

A) 0   B) 1   C) 3   D) 6   E) 8

8. $\left(\dfrac{1}{x}\right)^{x-2} \cdot 8^{x+1} = 2^{4-x} \Rightarrow x = ?$

A) $-\frac{1}{2}$ B) $\frac{-1}{3}$ C) 4   D) 8   E) 16

9. $\dfrac{2^x + 2^x + 2^x}{2^x \cdot 2^x} = 24 \Rightarrow x = ?$

A) $-\frac{1}{3}$ B) -2 C) $-$ D) $\frac{1}{6}$ E) $\frac{1}{16}$

10. $3^{x-1} + \dfrac{2}{3^{1-x}} = 81 \Rightarrow x = ?$

A) 3   B) 4   C) 9   D) 27   E) $\frac{1}{6}$

11. $\dfrac{1}{2^{x-2}} \cdot \dfrac{4}{4^{3-x}} = 64 \Rightarrow x = ?$

A) $-\frac{2}{3}$ B) $\dfrac{-8}{3}$ C) $\frac{4}{3}$ D) $\frac{1}{2}$ E) 8

12. $\dfrac{3^3 - 3^2}{9} \cdot (2^{-3})^{-2} = ?$

A)32　　　B)64　　　C)128　　D)256　　　E)512

13. $\left[\left(-\frac{1}{2}\right)^{-1}\right]^3 =?$

A)$(-2)^{-1}$　　B)-2^3　　C)16　　D)2^3　　E)$\frac{2}{2^2}$

14. $(-a)^5 \cdot (-a)^4 \cdot -a^3 =?$

A)$-a^{12}$　　B)a^{-3}　　C)a^4　　D)a^{12}　　E)a^{60}

15. $\dfrac{\left(-\frac{1}{2}\right)^3 \cdot (-2)^5}{(-2)^4} =?$

A)$\frac{1}{2}$　　B)2^{-2}　　C)$\frac{1}{6}$　　D)2^4　　E)2^{-3}

16. $2^{a-1} = 4 \Rightarrow 4^{a-1} =?$

A)2^{-2}　　B)2^{-3}　　C)2^{-4}　　D)2　　E)16

17. $\dfrac{2^{-2} \cdot 2^4 \cdot (-2)^3 \cdot (-2^6)}{-2^5 \cdot (-2)^2} =?$

A)-2^2　　B)$-\frac{1}{2^4}$　　C)-2^4　　D)2^8　　E)32

18. $x + y^{-1} = 3$

$y + x^{-1} = 2 \Rightarrow y \cdot x^{-1} =?$

A)$\frac{1}{2}$　　B)$\frac{2}{3}$　　C)$\frac{3}{4}$　　D)6　　E)5

19. $2^{a+3} = 16$

$2^b = 8 \Rightarrow b - a =?$

A)-2　　B)-1　　C)0　　D)1　　E)2

20. $8^{x-1} = 2^{x+1} \Rightarrow 2^x =?$

A)-8　　B)-4　　C)0　　D)2　　E)4

21. $\left.\begin{array}{l} a^2 = 2^{8x+2} \\ \frac{a}{4} = 32^{x-2} \end{array}\right\} \Rightarrow x =?$

A)4 B)2^5 C)6 D)8 E)9

22. $\left(\frac{1}{3}\right)^{x-2} \cdot 27^{x-1} = 3^{3-x} \Rightarrow x =?$

A)$\frac{1}{2}$ B)$\frac{1}{3}$ C)$\frac{4}{3}$ D)3^3 E)81

23. $3^{x+1} - 9 \cdot 3^{x-1} + 2 \cdot 3^x = 162 \Rightarrow x =?$

A)1 B)2 C)3 D)4 E)5

Answers					
1.D	2.D	3.E	4.C	5.D	6.B
7.C	8.B	9.C	10.B	11.E	12.C
13.B	14.D	15.B	16.E	17.C	18.B
19.C	20.E	21.E	22.C	23.D	

TEST 2

1. $2^{x-1} = 3 \Rightarrow 2^{x+3} + 3 \cdot 2^{x+2} - 7 \cdot 2^{x+1} = ?$

   A) 0 B) 6 C) 18 D) 24 E) 36

2. $4^{n+1} = \left(\frac{1}{8}\right)^{n-1} \Rightarrow n = ?$

   A) 0 B) 1 C) 2 D) 3 E) 4

3. $9^9 \cdot x = \frac{1}{27} \Rightarrow x = ?$

   A) 3^3 B) 3^{-9} C) 3^{15} D) 3^{-21} E) 9^{11}

4. $\left.\begin{array}{l} 3^x = 125 \\ 3^y = 5 \end{array}\right\} \Rightarrow \frac{x+y}{x-y} = ?$

   A) $\frac{1}{5}$ B) $\frac{1}{4}$ C) $\frac{1}{2}$ D) 2 E) 4

5. $\left.\begin{array}{l} a = 2^x - 1 \\ b = 2^{-x} - 1 \end{array}\right\} \Rightarrow \frac{a}{b} = ?$

   A) -1 B) 1 C) 2^{-x} D) -2^x E) 2

6. $(\sqrt{3})^{a-b} = 9^{2b-a}$

   (**What is the relation between a and b?**)

   A) $3a = 2b$ B) $a = b$ C) $5a = 9b$

   D) $3a = 4b$ E) $6a = 5b$

7. $6^x = 18 \Rightarrow (0.5)^{x-2} \cdot 3^{3-x} = ?$

A) 20 B) 15 C) 12 D) 9 E) 6

8. $(-a^{-2}) \cdot \left(-\frac{1}{a}\right)^{-2} - (-2)^3 = ?$

A) $-a$ B) 6 C) a D) 7 E) 9

9. $5^{x-3} = 0,008 \Rightarrow 2^{x-2} = ?$

A) 1 B) 2 C) 4 D) $\frac{1}{4}$ E) $\frac{1}{9}$

10. $(0,1)^x = a \Rightarrow (0,001)^{2x} = ?$

A) a^2 B) a^3 C) a^4 D) a^5 E) a^6

11. $(-0,5^{-4}) + (-0,5)^{-2} + (0,5)^{-3} = ?$

A) -4 B) -12 C) 20 D) 20 E) 28

12. $3^x - 3^{x-1} = 18 \Rightarrow x^x = ?$

A) 2 B) 9 C) 18 D) 27 E) 27

13. $a^{-1} = 3 \Rightarrow a - \frac{1}{a} = ?$

A) $-\frac{2}{3}$ B) $-\frac{3}{8}$ C) $-\frac{5}{3}$ D) $-\frac{8}{3}$ E) $-\frac{10}{3}$

14. $\frac{27^{2x+4}}{4^{3x+6}} = \left(\frac{2}{3}\right)^6 \Rightarrow x = ?$

A) $-\frac{4}{3}$ B) 2   C) 3   D) -2 E) -3

15. $2^{x-y} = 1 \Rightarrow \frac{x}{y} = ?$

A) -1 B) 1   C) 2   D) 3   E) 4

16. $\frac{x^{-1}-y^{-1}}{x^{-2}-y^{-2}} = ?$

A) $\frac{xy}{x+y}$ B) $\frac{xy}{x-y}$ C) xy D) $x-y$ E) $\frac{x}{y}$

17. $4^{m-1} = 9 \Rightarrow (0,5)^{m+1} = ?$

A) $\frac{1}{12}$ B) $\frac{1}{3}$ C) 3   D) 6   E) 12

18. $2^x = a \Rightarrow 2^6 \cdot 4^{x-4} = ?$

A) $\frac{a^2}{2}$ B) $\frac{a^2}{3}$ C) $\frac{a^2}{4}$ D) $\frac{a^2}{5}$ E) $\frac{a^2}{6}$

19. $\dfrac{9^{-1}}{(0,3)^{-2}} = \dfrac{0,25}{5^{x+1}} \Rightarrow x = ?$

A) -2 B) -1 C) 0 D) 1 E) 2

20. $x, y \in \mathbb{Z}$

$(0,06)^{x+3} \cdot 2^{-x-3} = 10^y \cdot 3^{2x} \Rightarrow x + y = ?$

A) -9 B) -8 C) -5 D) 8 E) 9

21. $\dfrac{27^x - 1}{3^x + 9^x + 27^x} = ?$

A) $1 + 3^x$ B) $1 - 3^x$ C) $1 - 3^{-x}$ D) $3^{-x} + 1$ E) $3^{-x} - 1$

22. $7^{2x+8} = 49^{1-x} \Rightarrow x = ?$

A) $-\dfrac{5}{2}$ B) $-\dfrac{3}{2}$ C) $-\dfrac{1}{2}$ D) $\dfrac{1}{2}$ E) $\dfrac{3}{2}$

23. $\dfrac{(125)^{x-1}}{5^{x-1}} = (625)^{2x} \Rightarrow x = ?$

A) $\dfrac{1}{3}$ B) $\dfrac{1}{2}$ C) $-\dfrac{1}{2}$ D) -2 E) $-\dfrac{1}{3}$

Answers					
1.E	2.C	3.D	4.D	5.D	6.C
7.E	8.D	9.D	10.E	11.A	12.D
13.D	14.E	15.B	16.A	17.A	18.C
19.D	20.A	21.C	22.B	23.E	

TEST 3

1. $\dfrac{2}{1+3^{-a}} + \dfrac{2}{1+3^a} + 1 = ?$

A) 2   B) 3   C) 4   D) 5   E) 6

2. $\dfrac{(x^2)^{-1} \cdot (x^6)^{-3}}{(x)^{-3} \cdot (x^{-4})^2 \cdot (x^2)^{-4}} = ?$

A) 1   B) x^{-1} C) x^{-2} D) x^{-3} E) x^{-4}

3. $\left(\dfrac{0{,}2}{0{,}004} + \dfrac{0{,}3}{0{,}006}\right)^{-\frac{1}{2}} = ?$

A) 0,1   B) 0,2   C) 0,3   D) 0,4   E) 0,5

4. $\dfrac{a^{n+1}+a}{a^n} - \dfrac{1}{a^{n-1}} = ?$

A) 2   B) a^3 C) a^2 D) a E) $\dfrac{1}{a}$

5. $\dfrac{3^{x+1}+3^{x-1}}{3^x - 3^{x+2}} = ?$

A) $-\dfrac{7}{5}$ B) $-\dfrac{6}{7}$ C) $-\dfrac{7}{12}$ D) $-\dfrac{5}{12}$ E) $-\dfrac{8}{9}$

6. $(-2)^2 \cdot (-2)^3 \cdot (-2^{-1})(-2)^{-3} = ?$

A) −2 B) 2^{-5} C) 2^{-6} D) 2^{-2} E) 2^{-3}

7. $\dfrac{4^2+\left(\frac{1}{4}\right)^{-3}}{4+\left(\frac{1}{4}\right)^{-2}}=?$

A) 2 B) 4 C) 8 D) 16 E) 32

8. $\dfrac{(0{,}6)^2}{0{,}03} : \dfrac{(0{,}3)^4}{(0{,}1)^2}=?$

A) $\dfrac{400}{37}$ B) $\dfrac{250}{17}$ C) $\dfrac{400}{27}$ D) $\dfrac{340}{27}$ E) $\dfrac{300}{13}$

9. $\dfrac{2 \cdot 5^{22}-9 \cdot 5^{21}}{25^{10}}=?$

A) 5^{-1} B) 1 C) 5 D) 5^2 E) 5^3

10. $\dfrac{4 \cdot 9^{n-1}-2 \cdot 3^{n-2}}{2 \cdot 3^{2n}-3^n}=?$

A) $\dfrac{2}{3}$ B) $\dfrac{3}{4}$ C) $\dfrac{2}{7}$ D) $\dfrac{5}{7}$ E) $\dfrac{2}{9}$

11. $\dfrac{\left(-\frac{1}{3}\right)^2 \cdot (-3^4)}{(-3^{-3}) \cdot \left(-\frac{1}{3}\right)^{-4}}=?$

A) $\dfrac{1}{3}$ B) $\dfrac{1}{9}$ C) 1 D) 3 E) 9

12. $\left[\dfrac{a^{-1}-b^{-1}}{a^{-1}b^{-1}}\right] = ?$

A) a B) b C) $a-b$ D) $b-a$ E) ab

13. $\left(\dfrac{1-\frac{1}{4}}{1+\frac{1}{4}}\right)^{-1} : \dfrac{1+\frac{1}{3}}{1-\frac{1}{1-\frac{1}{3}}} = ?$

A) $-\dfrac{3}{8}$ B) $-\dfrac{5}{8}$ C) 0 D) $\dfrac{3}{8}$ E) $\dfrac{5}{8}$

14. $2 - [3^{-1} - (2^{-1} - 3^{-1}) - (-2)^{-1}]^{-1} = ?$

A) $\dfrac{1}{5}$ B) $\dfrac{1}{2}$ C) $\dfrac{2}{3}$ D) $\dfrac{4}{5}$ E) 2

15. $\dfrac{3}{2+2^{-1}} \cdot (0,06)^{-\frac{1}{2}} = ?$

A) 3 B) 2 C) $\dfrac{2}{3}$ D) $\dfrac{1}{2}$ E) $\dfrac{1}{3}$

16. $\dfrac{\left(\frac{1}{2}\right)^{-2} - 5(-2)^{-2} + 6^{-1}}{1 + 2^{-2}} = ?$

A) $\dfrac{11}{5}$ B) $\dfrac{7}{3}$ C) 3 D) 5 E) 7

17. $\dfrac{4^{2n+2} \cdot 3^{2n-1}}{6^{n-1} \cdot 2^{3n+1}} : 3^n = ?$

A) 16   B) 12   C) 8   D) 5   E) 3

18. $27^{0,17} \cdot 4^{0,46} \cdot 3^{0,99} \cdot 2^{0,58} - 2^{\frac{3}{2}} \cdot 3^{\frac{3}{2}} = ?$

A) -6 B) $-3^{\frac{1}{2}}$ C) 0   D) 3   E) 6

19. $20^2 \cdot 40^4 \cdot 80^5 = ?$

A) $2^{11} \cdot 5^{11}$ B) $2^{36} \cdot 5^{11}$ C) $2^{15} \cdot 10^{11}$

D) $4^8 \cdot 5^8$ E) $2^{18} \cdot 5^{10}$

20. $\dfrac{\frac{3 \cdot 2^{-4}}{5^4} + 4 \cdot 10^{-5}}{10^{-5}} = ?$

A) 0,3   B) 0,7   C) 7   D) 15   E) 34

21. $\dfrac{(-3)^3 \cdot (-3)^2 \cdot (-4)^6}{(-12)^5} = ?$

A) -4 B) -2 C) 3   D) 4   E) 6

22. $\dfrac{5 \cdot 2^{n+2} + 2^n}{2^n + 2^{n-1}} = ?$

A) 14   B) 16   C) 21   D) 28   E) 30

23. $\dfrac{6 \cdot 3^x + 3^{x+1} + 2 \cdot 3^{x+2}}{3^x + 3^x + 3^x} = ?$

A)3   B)3^x C)9   D)27   E)2.3^x

24. $2.2^x + 2^{x+1} + 3.2^{x+2} =?$

A)2^{x+4} B)2^{x+5} C)3.2^{x+1}
D)6.2^{3x+2} E)5.2^{x+3}

25. $\dfrac{(625)^{0,25}+(64)^{\frac{1}{3}}}{5+(-2^2)}=?$

A)$\dfrac{3}{2}$ B)$\dfrac{9}{7}$ C)3   D)4   E)9

Answers					
1.B	2.B	3.A	4.D	5.D	6.A
7.B	8.C	9.C	10.E	11.D	12.D
13.B	14.B	15.A	16.B	17.A	18.C
19.B	20.E	21.D	22.A	23.C	24,A
25.E					

TEST 4

1. $\dfrac{(4,01)^2-(3,00)^2}{(0,5)^2-(0,3)^2}=?$

   A) 2   B) 1,2   C) 1   D) 0,1   E) 1,3

2. $\left.\begin{array}{l}3^{2x}-3^{2a}=16\\3^x+3^a=8\end{array}\right\} \Rightarrow a=?$

   A) -1 B) 0   C) 1   D) 2   E) $\dfrac{1}{2}$

3. $\left.\begin{array}{l}4^{x+2y}=8\\8^{x+y}=16\end{array}\right\} \Rightarrow y=?$

   A) $\dfrac{1}{3}$ B) $\dfrac{1}{4}$ C) $\dfrac{1}{5}$ D) $\dfrac{1}{6}$ E) $\dfrac{1}{7}$

4. $\left.\begin{array}{l}2^x=9\\2^{2y}=27\end{array}\right\} \Rightarrow \dfrac{x+2y}{2y-4x}=?$

   A) -1 B) 0   C) 1   D) 2   E) 3

5. $\left.\begin{array}{l}3^x+2^{y+1}=91\\4.3^x-2.2^y=44\end{array}\right\} \Rightarrow x\cdot y=?$

   A) 8   B) 10   C) 12   D) 15   E) 20

6. $\dfrac{6^{x+2}}{4^{1-x}}=\dfrac{24^x}{3^{2x-1}} \Rightarrow x=?$

   A) $-\dfrac{1}{2}$ B) -1 C) 0   D) $\dfrac{1}{2}$ E) $\dfrac{2}{3}$

7. $2^x=3 \Rightarrow 2^{2x+1}=?$

A)9　　　B)14　　　C)16　　　D)18　　　E)20

8. $8^x = 27 \Rightarrow 2^{x+1} = ?$

A)2　　　B)4　　　C)6　　　D)8　　　E)12

9. $\left(\frac{1}{4}\right)^{2x-1} \cdot 2^x = 8^{x-2} \Rightarrow x = ?$

A)$-\frac{3}{2}$　　B)$-\frac{2}{3}$　　C)$\frac{1}{2}$　　D)$\frac{2}{3}$　　E)$\frac{4}{3}$

10. $4^{a+3} \cdot 16^{a+1} \cdot 32^{1-a} = 1 \Rightarrow a = ?$

A)-20　　B)-15　　C)-2　　D)15　　E)20

11. $4^{a+3} - 4^{a+1} - 2 \cdot 4^a = 10^2 \Rightarrow a = ?$

A)$\frac{1}{2}$　　B)1　　C)$\frac{3}{2}$　　D)2　　E)$\frac{5}{2}$

12. $9^x = a \Rightarrow 3^{2x+1} = ?$

A)a　　B)$2a$　　C)$3a$　　D)$6a$　　E)$9a$

13. $\left. \begin{array}{l} a^{x+y} = 27 \\ a^{3y-x} = 3 \end{array} \right\} \Rightarrow a^x = ?$

A)3　　　　B)6　　　　C)9　　　　D)18　　　　E)21

14. $\left.\begin{array}{l}2^x = a\\ 3^x = b\end{array}\right\} \Rightarrow \dfrac{9^{x+2}}{6^{x+1}} = ?$

A)$\dfrac{18b}{2a}$　　　　B)$\dfrac{b^2}{2a}$　　　　C)$\dfrac{27b}{2a}$

D)$\dfrac{3b}{2a}$　　　　E)$\dfrac{9b^2}{2a}$

15. $\left.\begin{array}{l}4^{a-1} = 2\\ 2^{2b} = 4\end{array}\right\} \Rightarrow a^{-b} = ?$

A)$\dfrac{1}{3}$　　　　B)$\dfrac{2}{3}$　　　　C)$\dfrac{3}{4}$

D)$\dfrac{4}{5}$　　　　E)$\dfrac{5}{6}$

16. $2^{a-4} + 2^{a-3} = 3 \cdot 4^{a-3} \Rightarrow a = ?$

A)2　　　　B)3　　　　C)4　　　　D)5　　　　E)6

17. $\left.\begin{array}{l}a = 3^{2b}\\ b = 3^{2a}\\ a + b = 3\end{array}\right\} \Rightarrow a \cdot b = ?$

A)3^2　　　　B)3^4　　　　C)3^5　　　　D)3^6　　　　E)3^7

18. $2^x = m \Rightarrow 8^{x+3} = ?$

A)$(8m)^3$　　B)$2m^2$　　C)$4m^2$　　D)$(5m)^3$　　E)$(4m)^3$

19. $x \neq 1, y \neq 1$

$$\left.\begin{array}{l}x^{x-y} = y^3 \\ y^{x-y} = \dfrac{x^2}{y}\end{array}\right\} \Rightarrow x - y = ?$$

A) 0 B) 1 C) 2 D) 3 E) 4

20. $\left.\begin{array}{l}3^x \cdot 2^y = 81 \\ 2^y \cdot 9^x = 27\end{array}\right\} \Rightarrow x = ?$

A) -2 B) -1 C) 1 D) 2 E) 3

21. $2^a = x \Rightarrow \dfrac{4^a}{2^{a-1} - 3 \cdot 2^a} = ?$

A) $-\dfrac{3x}{4}$ B) $-\dfrac{2x}{5}$ C) $-\dfrac{x}{3}$ D) $-\dfrac{x}{2}$ E) $-\dfrac{5x}{3}$

22. $3^a = 243$, $15^{b-3} = 3^5 \cdot 5^a \Rightarrow a + b = ?$

A) 3 B) 5 C) 8 D) 13 E) 15

23. $3^x = \dfrac{1}{a}$, $3^y = b \Rightarrow (0,3)^{x+y} = ?$

A) $\dfrac{a}{b}$ B) $a \cdot b$ C) $\dfrac{1}{a+b}$ D) $\dfrac{a+b}{a}$ E) $\dfrac{b}{a}$

24. $a, b \in \mathbb{Z}$ $\dfrac{15^{a+b}}{3^{a-b}} = 9 \Rightarrow a \cdot b = ?$

A) -3 B) -2 C) -1 D) 1 E) 2

25. $\dfrac{x}{y} = 5 \left(\dfrac{y}{x}\right)^{\frac{1}{n}} = 125 \Rightarrow n = ?$

A) $-\dfrac{1}{3}$ B) -2 C) $-\dfrac{2}{3}$ D) 3 E) $\dfrac{3}{5}$

Answers					
1.C	2.C	3.D	4.A	5.D	6.A
7.D	8.C	9.E	10.B	11.A	12.C
13.C	14.C	15.B	16.A	17.D	18.A
19.B	20.B	21.B	22.D	23.A	24.C
25.A					

TEST 5

1. $\left.\begin{array}{l} a+b = 11 \\ \dfrac{3^{a-b}}{3^{b-a}} = 9 \end{array}\right\} \Rightarrow a^2 - b^2 = ?$

A) 99 B) 77 C) 61 D) 33 E) 11

2. $\dfrac{\left(-\dfrac{1}{4}\right)^2 - 2^2}{1 - 2^{-4}} = ?$

A) $-\dfrac{1}{5}$ B) $\dfrac{2}{5}$ C) $\dfrac{3}{5}$ D) $\dfrac{4}{5}$ E) 1

3. $\dfrac{1}{3^x} + \dfrac{1}{3^{x-1}} + \dfrac{1}{3^{x-2}} = \dfrac{9+a}{3^x} \Rightarrow a = ?$

A) 4 B) 5 C) 6 D) 7 E) 8

4. $14^b = 7^{b-a} \Rightarrow 49^{\frac{a}{b}} = ?$

A) $\dfrac{1}{16}$ B) $\dfrac{1}{8}$ C) $\dfrac{1}{4}$ D) $\dfrac{1}{2}$ E) 1

5. $\left.\begin{array}{l} 3^a = 8 \\ 2^{a+1} = 12 \end{array}\right\} \Rightarrow 48 = ?$

A) 2^a B) 4^a C) 2^{a-1} D) 3^{a+1} E) 6^a

6. $\left[\dfrac{0,00048}{0,00012}\right]^{x-2} = \left[\dfrac{0,06}{0,03}\right]^{x+1} \Rightarrow x = ?$

A) 2   B) 3   C) 4   D) 5   E) 6

7. $3^x = 2 \Rightarrow 9^x + 4^{\frac{1}{x}} = ?$

A) 7   B) 9   C) 10   D) 13   E) 25

8. $16^x = a \Rightarrow \dfrac{256^x - 16^x}{1 - 16^x} = ?$

A) $1 - a$ B) a C) a^2 D) $-a$ E) $a^2 - 5$

9. $9^y = a$,

$(0,3)^{-4} \cdot (0,5)^{4y} = 16 \cdot a^2 \Rightarrow y = ?$

A) -2 B) -1 C) 1 D) 2 E) 3

10. $\left.\begin{array}{l} x = 2^n - 3 \\ y = 2^n + 3 \\ xy = 8 \end{array}\right\} \Rightarrow x^2 + y^2 = ?$

A) 32   B) 44   C) 50   D) 52   E) 64

11. $\left.\begin{array}{l}5^a = 25^{b-1} \\ 4^{a-3} = 8^b\end{array}\right\} \Rightarrow a.b = ?$

A) 180   B) 160   C) 150   D) 140   E) 120

12. $\left.\begin{array}{l}3^{x+1} = y \\ y^{x-1} = 27\end{array}\right\} \Rightarrow x.y = ?$

A) $\frac{2}{3}$ B) 18   C) 27   D) 36   E) 54

13. $\frac{5^{x+2} - 125}{5^{2x} - 25} = \frac{5}{6} \Rightarrow x = ?$

A) 5   B) 4   C) 3   D) 2   E) 0

14. $(0,6)^{2x-1} = \left(\frac{5}{3}\right)^{x-8} \Rightarrow x = ?$

A) 5   B) 4   C) 3   D) 2   E) 1

15. $\frac{3.2^{x-1} - 3.2^x + 2^{x+1}}{2^x} = 2^{x-1} \Rightarrow x = ?$

A) −1   B) 0   C) 1   D) 2   E) 3

16. $x, y \in Z$

$\left.\begin{array}{r}3^x = a \\ 8^y = b \\ 24^{xy} = a^2b^7\end{array}\right\} \Rightarrow x+y = ?$

A)13 B)11 C)10 D)9 E)5

17. $\dfrac{4^a-9}{3-2^a} + 7 = 0 \Rightarrow a = ?$

A)5 B)4 C)3 D)2 E)1

18. $b > 0$

$\left.\begin{array}{r}3^{x+1} = a \\ 75^x = 4 \cdot \dfrac{ab^2}{3}\end{array}\right\} \Rightarrow 5^{x+1} = ?$

A)b B)$2b$ C)$5b$ D)$10b$ E)$90b^2$

19. $\left.\begin{array}{r}36^x = 8 \\ 4^y = 3\end{array}\right\} \Rightarrow y = ?$

A)$\dfrac{2-x}{2x}$ B)$\dfrac{3-2x}{5x}$ C)$\dfrac{3-2x}{4x}$

D)$\dfrac{x-2}{5x}$ E)$\dfrac{3-x}{2x}$

20. $3^{x+1} + 3^{x+2} = 36 \cdot 3^y \Rightarrow x = ?$

A)$y+1$ B)y C)$y-1$ D)$2y$ E)$\dfrac{y+1}{3}$

21. $\dfrac{2^{x+1}+6}{4^x-9} = \dfrac{2}{5} \Rightarrow x =?$

A) 2   B) 3   C) 4   D) 5   E) 6

22. $x \in Z$

$\dfrac{3^{x^2+2}}{27^x} = 1 \Rightarrow \sum x =?$

A) 1   B) 2   C) 3   D) 4   E) 5

23. $3^{x+1} - 3^{x-2} + 3^x = 105 \Rightarrow x =?$

A) 1   B) 2   C) 3   D) 4   E) 5

24. $\dfrac{(0{,}000125 \cdot 10^{47}) - (0{,}61 \cdot 10^{43})}{(1{,}5 \cdot 10^{42}) - (0{,}7 \cdot 10^{42})} =?$

A) 8   B) 16   C) 32   D) $8 \cdot 10^{42}$ E) 2^{10}

25. $\left[\left(\dfrac{1}{4} - \dfrac{1}{3} - \dfrac{1-\frac{2}{3}}{1+\frac{1}{3}}\right)^{-4}\right]^2 =?$

A) $-\dfrac{1}{243}$ B) $-\dfrac{1}{81}$ C) $\dfrac{1}{128}$

D) 3^8 E) 2^{10}

Answers					
1.E	2.A	3.A	4.C	5.C	6.D
7.D	8.D	9.B	10.D	11.A	12.E
13.D	14.C	15.B	16.B	17.D	18.D
19.C	20.A	21.B	22.C	23.C	24,A
25.D					

www.ingramcontent.com/pod-product-compliance
Lightning Source LLC
Chambersburg PA
CBHW052350220526
45465CB00003BA/1041